U0187016

3ds Max 2020/VRay 室内装饰效果图设计经典教程

麓山文化　编著

机 械 工 业 出 版 社

本书系统、全面地介绍了使用中文版 3ds Max 软件进行室内效果图设计的操作方法及应用技巧。

全书分为基础篇和实战篇两个部分。1~6 章为基础篇，由浅入深、循序渐进地介绍了室内设计基础、建模、材质和贴图、灯光和摄影机、VRay 渲染器等室内效果图设计必备的基础知识；7~11 章为实战篇，以客餐厅、卧室、卫生间、书房和会议室 5个典型室内效果图为例，介绍了室内效果图的制作流程、方法和技巧。

本书注重将理论与实践相结合，且设计效果专业、经典，讲解透彻，能够真正教会读者利用 3ds Max 进行室内效果图设计的流程和方法，并从根本上启发读者的创意思路，引领读者进入计算机设计的殿堂。

本书配套资源内容极其丰富，包含全书所有实例的素材和源文件，以及时长近 650分钟的高清语音教学视频，专业讲师手把手地讲解，可以大幅提高读者的学习兴趣和效率。此外，还赠送了大量模型、贴图、材质和光域网等实用资源，让您花一本书的钱，享受多本书的价值。

本书适合室内设计人员、广大三维设计爱好者和计算机效果图绘制从业人员阅读，同时也可作为大中专院校室内设计专业和其它相关专业的教材。

图书在版编目（CIP）数据

3ds Max 2020/VRay 室内装饰效果图设计经典教程/麓山文化编著.—北京：
机械工业出版社，2021.8
ISBN 978-7-111-68084-0

Ⅰ. ①3… Ⅱ. ①麓… Ⅲ. ①室内装饰设计－计算机辅助设计－三维动画
软件－教材 Ⅳ. ①TU238-39

中国版本图书馆 CIP 数据核字(2021)第 078208 号

机械工业出版社（北京市百万庄大街 22 号　邮政编码 100037）
策划编辑：曲彩云　　　责任编辑：曲彩云
责任校对：刘秀华　　　责任印制：郜　敏
北京中兴印刷有限公司印刷
2021 年 5 月第 1 版第 1 次印刷
184mm×260mm・20.25 印张・499 千字
标准书号：ISBN 978-7-111-68084-0
定价：69.00 元

电话服务　　　　　　　　网络服务
客服电话：010-88361066　机工官网：www.cmpbook.com
　　　　　010-88379833　机工官博：weibo.com/cmp1952
　　　　　010-68326294　金 书 网：www.golden-book.com
封底无防伪标均为盗版　机工教育服务网：www.cmpedu.com

前　言
PREFACE

● 关于效果图设计

　　效果图是设计师展示设计方案的重要手段，是向招标单位投标的必备资料，也是与客户进行交流的主要途径，它可以使非专业人员非常直观地了解设计方案与最终施工结果。

　　目前，最流行的效果图制作软件是 3ds Max 2020 中文版，这是一个功能强大的三维设计软件，在影视动画、游戏设计、效果图表现等方面都拥有大量的用户。

● 本书内容及特色

　　本书讲述的是室内效果图表现行业最常用的方法，该方法以 AutoCAD 图纸为依据，将文件导入 3ds Max 以后，通过模型的创建、材质的编辑、灯光的设置与渲染等工作，最后借助 Photoshop 进行修缮，以弥补效果图中存在的不足，使之更加真实化、艺术化。

　　本书按照由易入难、循序渐进的原则进行编排和讲解。基础篇由浅入深，循序渐进地向读者介绍了室内设计基础、建模、材质和贴图、灯光和摄影机、渲染等室内效果图设计必备的基础知识。实战篇选取了客厅、卧室、书房等多个典型室内效果图实例，介绍了室内效果图的制作流程、方法和技巧，同时还介绍了 VRay 渲染器的使用方法。

　　全书内容如下：

　　第 1 章：简单介绍了室内效果图表现的基础知识，包括室内设计的内容、原则、装饰材料、风格、色彩，以及室内设计的流程和发展趋势。

　　第 2 章：介绍了 3ds Max 2020 软件的工作界面和选择、变换、复制、阵列、单位设置等基本操作，使读者熟悉和掌握软件的基本操作，为后面的学习打下坚实的基础。

　　第 3 章：详细讲解了室内效果图设计常用建模方法，包括基本几何体建模、二维图形建模、三维造型建模、布尔运算建模、放样建模等。

　　第 4 章：讲解了 3ds Max 材质编辑的基础知识和室内效果图常用材质的制作方法，包括乳胶漆材质、金属材质、玻璃材质和毛巾材质等，读者可从中领悟到材质编辑的思路和技法，而不仅仅是使用某几个固定参数值。

　　第 5 章：讲解了 3ds Max 灯光和摄影机的基础知识，包括灯光和摄影机的分类、特点和适应范围，以及灯光和摄影机的属性及其调整方法。

　　第 6 章：详细讲解了室内效果图表现最常用的 VRay 渲染器的材质、贴图、灯光、摄影机、物体的基础知识和参数调整方法。

　　第 7 章：以一个完整的客餐厅效果图渲染实例，体验效果图的制作流程与方法，重点学习阳光气氛的表现方法。

　　第 8 章：学习卧室效果图制作，重点掌握 VRay 渲染器夜景效果图的表现方法。

　　第 9 章：学习别致卫生间效果图的制作，重点掌握卫生间空间的表现方法。

　　第 10 章：学习书房效果图的制作，重点掌握阴天气氛的表现方法。

第 11 章：学习会议空间效果图的制作，重点掌握办公空间的表现方法。

由于编者水平有限，书中疏漏与不妥之处在所难免。在感谢您选择本书的同时，也希望您能够把对本书的意见和建议告诉我们。

作者邮箱：lushanbook@gmail.com

读者 QQ 群：375559705

麓山文化

目　录
CONTENTS

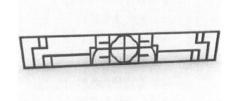

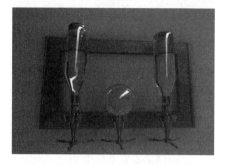

第 10 章 阴天书房效果 ············· 257

第 11 章 会议空间表现 ············· 283

第 1 章

室内设计概述

室内设计是根据户型的使用性质和条件，运用设计原理，创造功能合理、舒适优美、满足人们物质和精神生活需要的室内环境。它是一项综合性极强的系统工程，设计人员除了需要掌握 AutoCAD、3ds Max、Photoshop 等效果图设计软件外，还必须了解一些室内设计的基础知识，如室内设计的原则、色彩、材质等。本章对这方面的内容做一些简单的介绍，对读者学习效果图制作会有很大的帮助。

1.1 室内设计的内容

室内设计是一门实用艺术，也是一门综合性科学，其所包含的内容同传统意义上的室内装饰相比，更加丰富、深入，涉及的范围更为广泛。

随着社会的发展、科技的进步和人们观念的改变，新兴元素大量地涌入我们的生活。对于从事室内设计的人员来说，虽然不可能对所有涉及的内容都全部掌握，但也应尽可能地熟悉有关的基本内容，了解与该室内设计项目关系密切、影响最大的环境因素，这样才能在设计时综合考虑各项因素，也才能与相关的专业人员相互协调、密切配合，有效地提高室内设计的质量。

1.1.1 室内空间设计

室内设计是在已有建筑空间的基础上对其进行重新组织，对内部空间加以分析及配置，并参考人体工程学的尺度对室内进行合理安排。进行空间设计时，首先需要对原有建筑设计的意图充分理解，包括建筑的总体布局、功能分析、人流动向以及结构体系等。只有在开展室内设计时，才能对室内空间和平面布置予以完善、调整或再创造。

在室内设计中常常需要考虑空间比例、尺度与人的密切关系。如借助抬高顶棚或降低地面，或采用隔墙、家具、绿化、水面等来进行分隔，可以改变空间的比例和尺度，满足不同的功能需要；也可以通过组织闭、合、断续等空间形式，进行色彩、光照和质感的协调或对比，以取得不同的环境气氛和心理效果。

如图 1-1 所示为大空间设计示例。

图 1-1　大空间设计图例

1.1.2 室内色彩设计

色彩是室内设计中最生动、活跃的因素，往往给人们留下第一印象。色彩最具表现力，通过人们的视觉感受产生生理、心理和类似物理的效应，可以形成丰富的联想、深刻的寓意和象征。

图 1-2 所示为色彩构成图。

1. 色彩的作用

色彩的作用主要体现在如下几个方面。

色彩的物理作用：通过人的视觉系统带来物体物理性能上的一系列主观感觉的变化。分为温度感、距离感、体量感和重量感 4 种主观感受。

色彩的心理作用：主要表现在它的悦目性和情感性两个方面，可以给人美感，引起人的联想，影响人的情绪，因此具有象征作用。

如图 1-3 和图 1-4 所示为不同色调的室内空间。

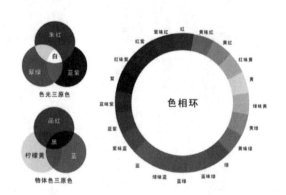

图 1-2　色彩构成图

图 1-3　暖色调的室内空间

图 1-4　冷色调的室内空间

色彩的生理作用：主要表现在对人的视觉本身的影响，同时也对人的脉搏、心率、血压等产生明显的影响。

色彩的光线调节作用：不同的颜色具有不同的反射率，因此色彩的运用对光线的强弱有着较大的影响。

2. 设计色彩的基本原则

设计师在色彩搭配时也要综合考虑功能、美观、空间、材料等各项因素。由于色彩的运用对于人的心理和生理会产生较大的影响，因此在设计时首先应考虑功能上的要求。例如医院常用白色或中性色；商店的墙面应采用素雅的色彩；客厅的色彩宜用浅黄、浅绿等较具亲和力的浅色；卧室常采用乳白、淡蓝等着重强调安静感的色彩，如图 1-5 和图 1-6 所示。

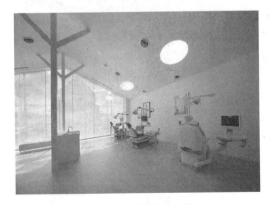

图 1-5　医院的白色空间

图 1-6　卧室的空间

3. 色彩的界面处理

不同的界面采用的色彩各不相同，甚至同一界面也可以采用几种不同的色彩。如何使不同的色彩过渡自然是一个很关键的问题，下面进行具体介绍。

墙面与顶棚：墙面是室内装修中面积较大的界面，色彩应以明快、淡雅为主。而顶棚是室内空间的顶盖，一般采用明度高的色彩，以免产生压抑感。

墙面与地面：地面的色彩明度应适当降低，这样可以使整个地面具有较好的稳定性。而墙面的色彩明度应适当提高，这时可以设置踢脚线来表现色彩的过渡。

如图 1-7 所示是客厅的室内色彩设计效果，墙面、地面、沙发、茶几、地毯、窗帘的色彩运用大胆而合理，营造出大气、舒适的气氛。

图 1-7　客厅的室内色彩设计效果

1.1.3　室内照明设计

正是由于有了光，才使人眼能够分清不同的建筑型体和细部。可见，光是人们对外界视觉感受的前提。

室内光照是指室内环境的天然采光和人工照明。光照除了能满足正常的工作、生活环境的采光、照明要求外，还能有效地起到烘托室内环境气氛的作用。

人工照明包括功能照明和美学照明两个方面。前者主要是合理布置光源，可采用均布或局部照射的方法，使室内各空间获得应有的照明效果。后者则是利用灯具造型、色光、投射方位和光影取得各种艺术效果。

如图 1-8 所示的卧室照明设计，直接将阳光引入室内，并配以射灯进行点缀，营造出温馨、浪漫的效果，使人感觉轻松愉快。

图 1-8　卧室照明设计

1.1.4　室内家具设计

家具包括固定家具（壁橱、壁柜、座椅等）和可移动家具（床、沙发、书架、酒柜等）。

家具不仅可以创造方便舒适的生活和工作条件，而且可以分隔空间，为室内增添情趣。家具的设计除了需要考虑舒适、耐用等使用功能外，还要考虑它们的造型、色彩、材料质感等，以及对室内空间产生的整体艺术效果。

许多建筑师在进行建筑设计的同时，还从事家具设计，使家具成为建筑的有机组成部分。例如德国建筑师密斯·范德罗为巴塞罗那展览馆设计的椅子，被称为巴塞罗那椅，成为家具设计的杰作之一，如图 1-9 所示。我国的明式家具风格独特，在国内外享有盛誉，如图 1-10 所示。

随着社会分工的细化和生活水平的提高，现在已经出现了专业的家具设计师，而室内设计师大多会选用成品家具。

图 1-9 巴塞罗那椅

图 1-10 明式家具

1.1.5 室内陈设设计

　　室内陈设设计主要强调在室内空间中，对家具、灯具、陈设艺术品以及绿化等方面进行规划和处理。目的是使人们在室内空间中工作、生活、休息时感到心情愉快、舒畅。

　　室内陈设设计包括两大类，一类是生活中必不可少的日用品，例如家具、日用器皿、家用电器等；另一类是为观赏而陈设的艺术品，例如字画、工艺品、古玩、盆景等。

　　效果好的陈设设计是室内装饰的点睛之笔，前提是设计师了解各种陈设品的不同功能和房屋主人的爱好和生活习惯，这样才能做到恰到好处地选择、陈列日用品和艺术品。

　　室内绿化是指把自然界中的植物、水体和山石等景物移入室内，经过科学的设计和组织而形成具有多种功能的自然景观。

　　室内绿化在现代室内设计中具有不可替代的特殊作用。室内绿化具有改善室内小气候和吸附粉尘的功能。更为重要的是，室内绿化不但能使室内环境生机勃勃，充满自然气息，还能柔化室内人工环境，令人赏心悦目，在高节奏的现代社会生活中起到协调人们心理，使之平衡的作用，如图 1-11 所示。

图 1-11 绿化要素

　　室内绿化大致可以分为两个层次。一个层次是盆景和插花，以桌、几、架为依托，一般尺度较小。另一个层次是以室内空间为依托的室内植物、水景和山石景，这类绿化在尺度上与所在空间相协调，人们既可静观又可游玩其中。

1.1.6　室内材料设计

　　室内材料除了常用的竹、木、砖、石、陶瓷、玻璃、水泥、金属、涂料、编织物以外，也出现了大量美观的轻质材料，例如矿棉制品、合金、人工合成材料等。这些材料由于物理化学性能的差异而具有疏松、坚实、柔软、光滑、平整、粗糙等不同的质地，呈现出条纹、冰裂纹、斑纹或结晶颗粒的肌理，可满足不同使用要求，如图 1-12 所示。

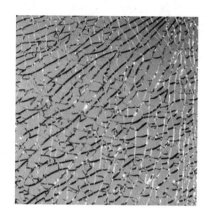

图 1-12　不同类型的轻质材料

　　粗糙的外表，因为吸收较多的光而呈暗调，使人产生温暖之感和迫近之势。光滑的外表，对光的反射较多而呈明调，使人产生寒冷之感和后退之势。

　　质地和肌理如果运用得当，不仅可以调节空间感，还可使视觉在微观中产生更多的情趣，但如果运用不当，也会带来相反的效果。丝绸、棉麻、毛绒等纺织品有不同的纹理和色彩，在室内常大面积使用，但应认真地进行选择和设计。

　　材料质地的选用，是室内设计中直接关系到实用效果和经济效益的重要环节。巧于用材是室内设计中的一个大学问。饰面材料的选用，应同时满足使用功能和人们身心感受这两方面的要求，赋予人们以综合的视觉心理感受。例如坚硬、平整的花岗石地面，平滑、精巧的镜面饰面，轻柔、细软的室内纺织品，以及自然、亲切的木质面材等。

1.1.7　室内物理环境设计

　　在室内空间中，还要充分考虑室内良好的采光、通风、照明和音质效果等方面的设计处理，并充分协调室内环控、水电等设备的安装，使其布局合理。

　　简而言之，室内设计就是为了满足人们生活、工作和休息的需要，为了提高室内空间的工作和生活环境质量，对建筑内部的实质环境和非实质环境的规划和布置。

1.2　室内设计的原则

　　在现代生活中，人是社会的中心，人造环境，环境造人。在设计开发的过程中，设计师应考虑以下几个设计原则。

1.2.1　功能性原则

功能性原则要求室内空间、装饰装修、物理环境、陈设绿化最大限度地满足功能所需，并使其与功能相和谐、统一。

任意一个室内空间在没有被人们利用之前都是无属性的，只有当人们入住以后，它才具有了功能属性。例如一个 15 ㎡ 的房间，既可以作为卧室，也可以作为书房。

赋予空间不同的功能以后，设计就要围绕这一功能展开。也就是说，设计要满足功能需求。在进行室内设计时，要结合室内空间的功能需求，使室内环境合理化、舒适化，同时还要考虑到人们的活动规律，处理好空间关系、空间尺度、空间比例等，并且要合理配置陈设与家具，妥善解决室内通风、采光与照明等问题，如图 1-13 所示。

图 1-13　功能性空间利用

1.2.2　经济性原则

广义来说，经济性原则就是以最小的消耗得到想要的效果。例如在装饰施工中使用的施工方法和程序省力、方便、低消耗、低成本等等。一项设计要为大多数消费者所接受，必须在“代价”和“效果”之间谋求一个均衡点，但无论如何，降低成本也不能以损害施工效果为代价。经济性原则包括两方面，即生产性和有效性。

1.2.3　美观性原则

向往和追求美是人的天性。当然，美是一种随时间、空间、环境而变化的、适应性极强的概念。所以，在设计中美的标准和目标也会大不相同。我们既不能因强调设计在文化和社会方面的使命及责任而不顾及使用者需求，同也不能把美庸俗化，这需要有一个适当的平衡。

1.2.4　适切性原则

简单地说，适切性原则要求解决问题的设计方案与问题之间恰到好处，不牵强也不过分。例如，在室内空间中，艺术陈设品与空间气氛的统一就需要如此考虑。

1.2.5　个性化原则

设计要具有独特的风格，缺少个性的设计是没有生命力与艺术感染力的。无论在设计的构思阶段、还是在设计深入的过程中，只有新奇的构想和巧妙的构思，才会赋予设计勃勃生机。

现代的室内设计，是以增强室内环境的精神与心理需求为最高目标的，在满足现有的物质需求和使用功能的条件下，实现并创造出巨大的精神价值，如图 1-14 所示。

图 1-14　个性化的室内设计

1.2.6　舒适性原则

各个国家对舒适性的定义不太一样，但从整体上来看，舒适的室内设计离不开充足的阳光、无污染的清新空气、安静的生活氛围、丰富的绿植和宽阔的活动空间、标志性的景观等。

阳光可以给人温暖的感觉，满足人们生产、生活的需要；阳光也可以起到杀菌、净化空气的作用。人们从事的各种活动应在有充足的日照空间中进行。当然，除了充足的日照外，清新的空气也是人们所必需的。要杜绝有毒、有害气体和物质对室内的侵袭，进行合理的绿化是最有效的办法。

嘈杂的噪声，使生活变得不安。交通噪声、生活噪声不仅会影响人们安静的室内生活，也会干扰人们的室外活动。为了减少噪声对使用者的影响，我们可以通过降低噪声源和进行噪声隔离两种方法来解决。我国对居民室内空间噪声，有明确的规定即白天不超过 50dB，夜间不超过 40dB。在人们居住的小环境中，设计师除了进行绿化隔声以外，还要注意室内设计与建筑、街道的关系，通过在小环境中进行声音空间的营造（水声、鸟声），使人在室内空间可以享受安静的快乐。

绿地景园是人们生活环境的重要组成部分，它不仅可以提供遮阳、隔声、防风固沙、杀菌防病、净化空气、改善小环境的微气候等诸多功能，还可以通过绿化来改善室内设计的形象，美化环境，满足使用者物质及精神等多方面的需要。

1.2.7　安全性原则

人只有在较低层次的需求得到满足之后，才会表现出对更高层次需求的追求。人的安全需求可以说是仅次于吃饭、睡觉等位于第二位的基本需求，它包括个人私生活不受侵犯、个人财产和人身安全不被侵害等具体需求。所以，室内环境中空间领域的划分和空间组合的处理，不仅有助于拉近人与人之间的关系，而且有利于环境的安全。

1.2.8　方便性原则

室内设计的方便性原则主要体现在对道路交通的组织，公共服务设施的配套服务和服务方式的方便程度。

要根据使用者的生活习惯、活动特点采用合理的分级结构和宜人的尺度，使小空间内的公共服务半径最短，使用者来往的活动路线最顺畅，并且利于经营管理，这样才能创造出良好的、方便的室内环境，如图 1-15 所示。

图 1-15　人流动线

1.2.9　区域性原则

由于人们所处的地区、地理条件存在差异，各民族生活习惯与文化传统也不一样，所以对室内设计的要求也存在着很大的差别。此外，各个民族的地理特点、民族性格、风俗习惯及文化素养等因素的差异，使室内装饰设计也有所不同。因此，设计中要体现各自不同的风格和特点。如图 1-16 所示分别为欧式与中式风格的室内设计效果。

图 1-16　欧式与中式风格的室内设计效果

1.3　室内装饰材料

室内装饰材料是指用于建筑内部墙面、天棚、柱面、地面等的罩面材料。严格地说，应当称为室内建筑装饰材料。现代室内装饰材料，不仅能改善室内的艺术环境，使人们得到美的享受，同时还兼有绝热、防潮、防火、吸声、隔声等多种功能，起着保护建筑主体结构、延长其使用寿命以及满足某些特殊要求的作用，是现代建筑装饰不可缺少的一类材料。

1.3.1　室内装饰材料的种类

在室内设计工作中，装饰材料按照其在空间的装饰部位来分类，主要分为内墙装饰材料、地面装饰材料与吊顶装饰材料等几类，如表 1-1 所示。

表 1-1　室内装饰材料种类

类别	种类	品种举例
内墙装饰材料	墙面涂料	墙面漆、有机涂料、无机涂料
	墙纸	纸面纸基壁纸、纺织物壁纸、天然材料壁纸、塑料壁纸
	装饰板	木质装饰人造板、树脂浸渍高压装饰板层积板、塑料装饰板、金属装饰板、矿物装饰板、陶瓷装饰壁画、穿孔装饰吸声板、植绒装饰吸声板
	墙布	玻璃纤维贴墙布、麻纤无纺墙布、化纤墙布
	石饰面板	天然大理石饰面板、天然花岗岩饰面板、人造大理石饰面板、水磨石饰面板
	墙面砖	陶瓷釉面砖、陶瓷墙面砖、陶瓷锦砖、玻璃马赛克
地面装饰材料	地面涂料	地板漆、水性地面涂料、乳液型地面涂料、溶剂型地面涂料
	木、竹地板	实木条状地板、实木拼花地板、实木复合地板、人造板地板、复合强化地板、薄木敷贴地板、立木拼花地板、集成地板、竹质条状地板、竹质拼花地板
	聚合物地坪	聚醋酸乙烯地坪、环氧地坪、聚酯地坪、聚氨酯地坪
	地面砖	水泥花阶砖、水磨石预制地砖、陶瓷地砖、马赛克地砖、现浇水磨石地面
	塑料地板	印花压花塑料地板、碎粒花纹地板、发泡塑料地板、塑料地面卷材
	地毯	纯毛地毯、混纺地毯、合成纤维地毯、塑料地毯、植物纤维地毯
吊顶装饰材料	塑料吊顶板	钙塑装饰吊顶板、PS 装饰板、玻璃钢吊顶板、有机玻璃板
	木质装饰板	木丝板、软质穿孔吸声纤维板、硬质穿孔吸声纤维板
	矿物吸声板	珍珠岩吸声板、矿棉吸声板、玻璃棉吸声板、石膏吸声板、石膏装饰板
	金属吊顶板	铝合金吊顶板、金属微穿孔吸声吊顶板、金属箔贴面吊顶板

1．内墙装饰材料

内墙装饰是室内装饰的一部分，它兼顾装饰室内空间、满足使用要求和保护建筑结构等多种功能。常用的内墙装饰材料有内墙涂料类（种类很多、颜色多样、装饰效果好、可以满足不同的使用环境要求）、裱糊类（指壁纸、墙布类装饰材料）、饰面石材（如大理石）、釉面砖（其表面光滑、美观、易清洁、抗水、抗压）、刷浆类（是使用于内墙刷浆工程的材料，与涂料相比价格低廉但不耐久），以及内墙装面板（主要有塑料贴面板、纤维板、金属饰面板、胶合板饰面板）等。

2．地面装饰材料

地面装饰材料应该具有安全性（如阻燃、防滑和电绝缘等）、耐久性、舒适性（如行走舒适有弹性、隔声吸声等）以及装饰性。

常用的地面装饰材料有木地板、石材（主要是花岗岩与大理石）、陶瓷地砖（坚固耐用、色彩鲜艳、耐腐蚀、耐磨）、塑料地板（行走舒适、花样品种多、装饰效果好）、地毯（柔软、富于弹性、美观高贵、但易虫蛀霉变）。

3．吊顶装饰材料

不同功能的建筑与建筑空间对吊顶材料的要求也不尽相同。吊顶装饰材料有纸面石膏板、纸面石膏装饰吸声板、石膏装饰吸声板、矿棉装饰吸声板、聚氯乙烯塑料天花板、金属微穿孔吸声板、贴塑矿棉装饰板与膨胀珍珠岩装饰吸声板等。如图 1-17 所示为石膏板吊顶。

在室内设计过程中，应全面综合考虑不同材料的特征，巧妙地运用材质的特征，把材料的自然美体现到设计中去，并充分考虑其对人的心理效应和各种材质综合搭配的协调问题，在经济性、实用性、功能性、审美性之间进行综合平衡，从而选择出最佳的方案。

图 1-17　石膏板吊顶

1.3.2　室内装饰材料的基本要求

室内装饰的艺术效果主要由材料及做法的质感、线型及颜色三方面因素构成，即常说的建筑物饰面的三要素，这是对装饰材料的基本要求。

1.　质感

任何饰面材料及其做法都将以不同的质感表现出来。例如，结实或松软、细致或粗糙等。坚硬而表面光滑的材料如花岗石、大理石等会表现出严肃、力量、整洁之感。富有弹性而松软的材料如地毯及纺织品等则会给人以柔顺、温暖、舒适之感。同种材料的不同做法也可以取得不同的质感效果，如粗犷的集料外露混凝土墙面和光面混凝土墙面会呈现出迥然不同的质感，如图 1-18 所示。

图 1-18　不同材料质感

饰面的质感效果还与具体建筑物的体型、体量、立面风格等方面密切相关。粗犷质感的饰面材料及做法如果用于体量小、立面造型比较纤细的建筑物就不一定合适，而用于体量比较大的建筑物效果就好些。

另外，外墙装饰主要看远效果，材料的质感相对粗些也无妨。室内装饰多数是在近距离内观察，甚至可能与人的身体直接接触，因此通常采用有较为细腻质感的材料。较大的空间（如公共设施的大厅、影剧院、会堂、会议厅等）的内墙适当采用较大线条及质感粗细变化的材料会有好的装饰效果。

室内地面通常不考虑凹凸质感及线型变化，但陶瓷锦砖、水磨石、拼花木地板和其他软地面虽然表面光滑平整，却也可利用颜色及花纹的变化表现出独特的质感。

2. 线型

一定的分格缝、凹凸线条也是构成立面装饰效果的因素。将抹灰、刷石、天然石材、混凝土条板等设置分块、分格，不仅是为了防止开裂以及满足施工的需要，也是为了满足立面在比例、尺度感上的表现需要。

例如，目前多见的本色水泥砂浆抹面的建筑物，一般均采取横向凹缝或用其他质地和颜色的材料嵌缝。这种做法不仅克服了光面质感的缺陷，同时还可减轻大面积颜色欠均匀的感觉。

3. 颜色

装饰材料的颜色丰富多彩，特别是涂料一类的饰面材料。改变建筑物的颜色通常要比改变其质感和线型容易得多，因此，颜色是构成各种材料装饰效果的一个重要因素。

不同的颜色会给人以不同的感受，利用这个特点，可以使建筑物分别表现出质朴或华丽、温暖或凉爽、向后退缩或向前逼近等不同的效果。同时这种感受还受使用环境的影响，例如，青灰色调在炎热气候的环境中显得凉爽安静，但在寒冷地区则会显得阴冷压抑，如图 1-19 所示。

图 1-19　不同颜色的组成效果

1.3.3 室内装饰材料的选择

室内装饰的目的是造就一个自然、和谐、舒适而整洁的环境，各种装饰材料的色彩、质感、触感、光泽等的正确选用，将极大地影响到室内环境的表现效果。一般来说，室内装饰材料的选用应根据以下几方面综合考虑。

1. 建筑类别与装饰部位

建筑物有不同的种类和功能，例如，大会堂、医院、办公楼、餐厅、厨房、浴室、厕所等，装饰材料的选择就各有不同要求。例如，大会堂庄严肃穆，装饰材料常选用质感坚硬而表面光滑的材料，如大理石、花岗石，色彩用较深色调，不采用五颜六色的装饰。医院气氛沉重而宁静，宜用淡色调和花饰较小或素色的装饰材料。

装饰部位不同，材料的选择也不同。卧室墙面宜淡雅明亮，但应避免强烈反光，宜采用塑料壁纸、墙布等装饰。厨房、厕所应有清洁、卫生气氛，宜采用白色瓷砖或水磨石装饰。舞厅是一个令人兴奋的场所，装饰可以色彩缤纷、五光十色，以能给人带来刺激感受的色调和质感的装饰材料为宜。

2. 地域和气候

装饰材料的选用常常与地域和气候有关。在寒冷地区的室内空间应采用木地板、塑料地板、高分子合成纤维地毯，使人感觉暖和舒适。在炎热的南方，则应采用有冷感的材料。

在夏天的冷饮店，采用绿、蓝、紫等冷色材料可以使人感到清凉。而地下室、冷藏库则要用红、橙、黄等暖色调，为人们带来温暖的感觉。

3. 场地与空间

不同的场地与空间，要采用与人协调的装饰材料。空间宽大的会堂、影剧院等，装饰材料的表面可粗犷而坚硬，并有突出的立体感，可采用大线条的图案。

室内宽敞的房间，也可采用深色调和较大图案。对于面积较小的房间，例如我国的大部分城市房屋，装饰要选择质感细腻、线型较细的材料，如图 1-20 所示。

图 1-20　不同面积空间

4．标准与功能

装饰材料的选择还应考虑建筑物的标准与功能要求。例如，宾馆和饭店的建筑有三星、四星、五星等级别，要不同程度地显示其内部的豪华、富丽堂皇甚至于珠光宝气的奢侈气氛，采用的装饰材料也不同。例如，地面装饰，高级的选用全毛地毯，中级的选用化纤地毯或高级木地板等。

空调是现代建筑发展的一个重要方面，要求装饰材料有保温绝热功能，故壁饰可采用泡沫型壁纸，玻璃采用绝热或调温玻璃等。在影院、会议室、广播室等室内装饰中，则需要采用吸声装饰材料，如穿孔石膏板、软质纤维板、珍珠岩装饰吸声板等。总之，随建筑物对隔热、防水、防潮、防火等的不同要求，选择装饰材料应考虑满足相应的功能需要。

5．民族性

选择装饰材料时，要注意运用先进的材料与装饰技术，来表现民族传统和地方特点。例如装饰金箔和琉璃制品是我国特有的装饰材料，这些材料一般用于古建筑或纪念性建筑装饰，以表现我国民族和文化的特色。

6．经济性

从经济角度考虑装饰材料的选择，应有一个总体观念。即不但要考虑一次性投资，也应考虑到维修费用，且在关键部位装饰上宁可加大投资，以延长使用年限，保证总体上的经济性。例如在浴室装饰中，防水措施极为重要，对此就应适当加大投资，选择高耐水性的装饰材料。

1.4　室内设计风格

室内设计风格的形成，体现不同的时代思潮和地区特点，通过创作构思和表现，逐渐发展成为具有代表性的室内设计形式。一种典型风格的形成，通常和当地的人文因素和自然条件密切相关，也需要有创作过程中巧妙的构思和造型，形成风格的外在和内在因素。风格虽然表现于形式，但风格具有艺术、文化、社会发展等深刻的内涵，从这一深层含义来说，风格又不等同于形式。室内设计主要分为古典风格、现代风格、简约风格、自然风格以及混搭风格等。

1.4.1 古典风格

古典风格的主要特点是造型复杂、高雅、精美、做工讲究、色彩古朴庄重。室内多以木构架为主，并融入古代的传统造型，例如雀替、变龙纹、屏门、斗拱等。

现代的古典风格装饰更注重气氛的渲染，不再拘泥于一些代表性的建筑造型，而是通过一些古色古香的装饰品来表现，例如明清时的红木家具、落地屏风、青花瓷瓶、中国画、书法等，如图1-21所示。

图 1-21 古典风格

1.4.2 现代风格

现代风格起源于1919年成立的包豪斯（Bauhaus）学派。该学派强调突破旧传统，创造新建筑，重视功能和空间组织，并注重发挥结构本身的形式美。其强调造型简洁，反对多余装饰，崇尚合理的构成工艺，尊重材料的性能，讲究材料自身的质地和色彩的配置效果，发展了非传统的以功能布局为依据的不对称的构图手法。

包豪斯学派还重视实际的工艺制作，强调设计与工业生产的联系，如图1-22所示为现代风格的室内设计效果。

图 1-22 现代风格

1.4.3 简约风格

简约风格是现代主义建筑和室内的主流风格之一，是一种符合审美规律的艺术简化，追求的是由复杂趋于简单的视觉效果。它主张在设计中突出功能，强调自然和形式的简洁，在设计时奉行删繁就简的原则，减少不必要的装饰，用色凝炼，造型讲究力度。

简约不等于简单，不是完全没有变化，而是追求以一种简化的手段多层次和多方位地表现、装饰室内空间。需要注意的是，丰富的表现并不是无意义的堆砌，而是经过提炼后的符合时代精神的简洁形象，如图 1-23 所示。

图 1-23　简约风格

1.4.4　自然风格

自然风格倡导"回归自然"，在美学上推崇"自然美"，认为只有崇尚自然、结合自然，才能在当今高科技、高节奏的社会生活中，使人们达到生理和心理的平衡。

因此室内多用木料、织物、石材等天然材料，显示材料的纹理，清新淡雅。此外，由于其宗旨和手法的类同，也可把田园风格归入自然风格一类。田园风格在室内环境中力求表现悠闲、舒畅、自然的田园生活情趣，也常运用天然木、石、藤、竹等材质质朴的纹理，巧于设置室内绿化，以创出自然、简朴、高雅的氛围，如图 1-24 所示。

图 1-24　自然风格

1.4.5　混搭风格

近年来，建筑设计和室内设计在总体上呈现多元化、兼收并蓄的状况。室内布置趋于既现代实用又吸取传统的特征，在装潢与陈设中融古今中外于一体，例如传统的屏风、摆设和茶几，配以现代风格的墙面及门窗装修、新型的沙发、欧式古典的琉璃灯具和壁面装饰，再配以东方传统的家具和埃及的陈设、小品等。混搭风格虽然在设计中不拘一格，运用多种体例，但其设计仍然是匠心独具，需要深入推敲型体、色彩、材质等方面的总体构图和视觉效果，如图 1-25 所示。

图 1-25　混搭风格

1.5　室内色彩设计

色彩本身并没有知觉与情感，也没有绝对的美与不美，它的美通过色彩之间的相互组合来体现。不同的色彩搭配能给人富丽华贵、热烈兴奋、欢乐喜悦、文静典雅、含蓄沉静或朴素大方等不同的感觉，如图 1-26 所示为冷色调室内设计的效果。

1.5.1　室内色彩的基本要求

1、空间的使用目的。不同的使用目的，例如会议室、病房、起居室等，在色彩的要求、性格的体现、气氛的形成上显然各不相同。

2、空间的大小、形式。色彩可以按不同空间大小、形式来进一步强调或削弱。

3、空间的方位。不同方位在自然光线作用下的色彩是不同的，冷暖感也有差别，因此，可利用色彩来进行调整。

图 1-26　冷色调室内设计的效果

4、使用空间的人的类别。男女老少，不同的人对色彩的要求有很大的区别，色彩应符合居住者的喜好。

5、使用者在空间内的活动及使用时间的长短。学习的教室、工厂生产车间，不同的活动与工作内容要求提供不同的视觉条件，才能提高效率，保证安全性和舒适性。长时间使用的房间的色彩对视觉的作用，应比短时间使用的房间强得多。色彩的色相、彩度对比等因素的考虑也存在着差别，对长时间活动的空间，主要应考虑不产生视觉疲劳。

6、该空间所处的周围情况。色彩和环境有密切联系，尤其在室内，色彩的反射可以影响其他颜色。同时，不同的环境，通过室外的自然景物也可能反射到室内来，所以色彩还应与周围的环境相协调。

7、使用者对于色彩的偏爱。一般说来，在符合原则的前提下，色彩的使用应该合理地满足不同使用者的爱好和个性，才能符合使用者心理要求。

室内色彩的设计原则

1. 形式和色彩服从功能要求

　　室内色彩主要应满足功能和精神要求，目的在于使人们感到舒适。在功能要求方面，首先应认真分析每一空间的使用性质，例如儿童居室与起居室、老年人的居室与新婚夫妇的居室，由于使用对象不同或使用功能有明显区别，空间色彩的设计就必须有所区别，如图 1-27 和图 1-28 所示。

图 1-27　儿童居室　　　　　　　　　　　　　　　　图 1-28　新婚居室

2. 力求符合空间构图需要

　　室内色彩配置必须符合空间构图原则，充分发挥室内色彩对空间的美化作用，正确处理协调、对比、统一与变化和主体与背景的关系。

　　在进行室内色彩设计时，首先要定好空间色彩的主色调，色彩的主色调在室内气氛中起主导和润色、陪衬、烘托的作用。组成室内色彩主色调的元素很多，主要有室内色彩的明度、色度、纯度和对比度。

　　其次要处理好统一与变化的关系。如果只有统一而无变化，达不到美的效果，因此，要求在统一的基础上求变化，这样更容易取得良好的效果。为了取得统一又有变化的效果，大面积的色块不宜采用过分鲜艳的色彩，小面积的色块可适当提高色彩的明度和纯度。此外，室内色彩设计要体现稳定感、韵律感和节奏感。为了达到空间色彩的稳定感，常采用上轻下重的色彩关系。室内色彩的起伏变化，应形成一定的韵律和节奏感，注重色彩的规律性，避免杂乱无章，如图 1-29 所示。

图 1-29　不同色彩和韵律空间

3. 利用室内色彩，改善空间效果

充分利用色彩的物理性能和色彩对人心理的影响，可在一定程度上改变空间尺度、按比例分隔、渗透空间，从而改善空间效果。例如居室空间过高时，可以使用近感色，减弱空旷感，提高亲切感；墙面过大时，宜采用收缩色；柱子过细时，宜用浅色；柱子过粗时，宜用深色，减弱笨粗之感，如图 1-30 所示。

4. 注意民族、地区和气候条件

符合多数人的审美要求是室内设计基本规律。但对于不同民族来说，由于生活习惯、文化传统和历史沿革不同，其审美要求也不同。因此，在进行室内设计时，既要掌握一般规律，又要了解不同民族的特殊习惯、不同地理环境的气候条件。

1.5.3 室内色彩的相互关系

1. 色彩包围出的好心情

作为装饰手段，墙面色彩因能改变居室的外观与格调而受到重视。色彩不占用居室空间，不受空间结构的限制，运用方便灵活，最能体现居住者的个性风格。

红、黄、橙等暖色能使人心情舒畅，而青、灰、绿等系列则使人感到清静，甚至会有点忧郁，如图 1-31 所示。白、黑色是视觉的两个极点。研究证实，黑色会分散人的注意力，使人产生郁闷、乏味的感觉，长期生活在这样的环境中，人的瞳孔会极度放大，感觉麻木，久而久之，对人的健康、寿命都会产生不利的影响。把房间都布置成白色，会有素洁感，但白色的对比度太强，易刺激瞳孔收缩，诱发头痛等病症。

图 1-30 色彩空间效果

图 1-31 室内色彩关系

2. 色泽功能

每一种颜色都具有特殊的心理作用，能影响人的温度知觉、空间知觉甚至情绪。色彩的冷暖感起源于人们对自然界某些事物的联想。例如，红、橙、黄等暖色会使人联想到火焰、太阳，从而有温暖的感觉；白、蓝和蓝绿等冷色会使人联想到冰雪、海洋和林荫，从而感到清凉。

3. 色彩与空间感

基于色彩的色度、明度不同，还能造成不同的空间感，产生前进、后退、凸出、凹进的效果。明度高的暖色有突出、前进的感觉，明度低的冷色有凹进、远离的感觉。色彩的空间感在居室布置中的作用是显而易见的，例如，在空间狭小的房间里，使用冷色可以产生后退感，使墙面显得遥远，赋予居室开阔的感觉。

4. 色彩与人的情绪

色彩的明度和纯度也会影响到人们的情绪。明亮的暖色给人活泼感，深暗色给人忧郁感。白色和其它纯色组合时会使人感到活泼，而黑色则是忧郁的色彩，这种心理效应可以被有效地运用。例如，在自然光不足的客厅，如果使用明亮的颜色，可以使居室笼罩在一片亮丽的氛围中，使人感到愉快。

5. 墙壁用色

正确地应用色彩美学，有助于改善居住条件。宽敞的居室采用暖色装修，可以避免房间给人带来的空旷感；狭小的居室可以采用冷色装修，在视觉上让人感觉大些；人口少而令人感到寂寞的家庭居室，配色宜选暖色；人口多而令人感觉喧闹的家庭居室，宜用冷色。

同一家庭中，在色彩上也有侧重。卧室装饰色调暖些，有利于增进夫妻情感的和谐；书房用淡蓝色装饰，能够使人集中精力学习、研究；餐厅里，使用红棕色的餐桌，有利于增进食欲。

对不同的气候条件，运用不同的色彩也可一定程度地改变环境气氛。在严寒的北方，室内墙壁、地板、家具、窗帘选用暖色装饰会有温暖的感觉。反之，南方气候炎热潮湿，采用青、绿、蓝色等冷色装饰居室，感觉上会比较凉爽。

1.6 室内设计流程

室内设计根据设计的进程，通常可以分为四个阶段，即设计准备阶段、方案设计阶段、施工图设计阶段和设计实施阶段。

1. 设计准备阶段

设计准备阶段的主要任务是接受委托任务书，签订合同，或者根据标书要求参加投标。在此阶段，需要明确设计期限并制定设计计划进度安排，考虑各有关工种的配合与协调；明确设计任务和要求，例如室内设计任务的使用性质、功能特点、设计规模、等级标准和总造价；根据任务的使用性质需创造出相适应的室内环境氛围、文化内涵或艺术风格等；熟悉设计有关的规范和定额标准，收集分析必要的资料和信息，包括对现场的调查踏勘以及对同类型实例的参观等。

2. 方案设计阶段

方案设计阶段是在设计准备阶段的基础上，进一步收集、分析、运用与设计任务有关的资料与信息，构思立意，进行初步方案设计，进行方案的分析与比较。

3. 施工图设计阶段

施工图设计阶段需要补充施工所必要的有关平面布置、室内立面和平面等图纸，还包括构造节点、细部大样图以及设备管线图，编制施工说明和造价预算。

4. 设计实施阶段

设计实施阶段也是工程的施工阶段。室内工程在施工前，设计人员应向施工单位进行设计意图的说明及图纸的技术交底。工程施工期间需按图纸要求核对施工实况，有时还需根据现场实况提出对图纸的局部修改或补充。施工结束时，设计人员应同质检部门和建设单位进行工程验收。

为了使设计取得预期效果，室内设计人员必须抓好设计各阶段的工作环节，充分重视设计、施工、材料、设备等各个方面，并熟悉、重视与原建筑物的建筑设计、设施设计的衔接。同时还要协调好与建设单位和施工单位之间的相互关系，在设计意图和构思方面进行沟通，争取达到共识，以期取得理想的设计工程成果。

1.7　室内设计的发展趋势

随着科技的不断发展进步，人们对于生活居住的空间环境要求也不断提高。如今的室内设计需要综合地处理人与环境、人际交往等多项关系，需要在为人服务的前提下，综合满足使用功能、经济效益、舒适美观、环境氛围等多方面的要求。

由于使用对象、建筑功能和投资标准的差异，室内设计也呈现出多层次、多种不同风格的发展趋势。当前现代室内设计大致的趋势可以归纳为 7 个方面。

1.　回归自然化

随着环境保护意识的增强，人们向往自然，喝天然饮料，用自然材料，渴望住在天然绿色环境中。北欧的斯堪的纳维亚设计流派由此兴起，对世界各国的影响很大。

该流派主张在住宅中创造田园的舒适气氛，强调自然色彩和天然材料的应用，采用许多民间艺术手法和风格。在此基础上设计师们不断在"回归自然"上下功夫，创造新的肌理效果，运用具象或抽象的设计手法来使人们联想自然，如图 1-32 所示。

图 1-32　回归自然化

2.　整体艺术化

随着物质的丰富，人们要求从"物的堆积"中解放出来，要求室内各种物件之间存在统一整体之美。室内设计是整体艺术，应该包括空间、形体、色彩以及虚实关系的把握，功能组合关系的把握，意境创造的把握以及与周围环境的关系协调，如图 1-33 所示。

3.　高度现代化

随着科学技术的发展，在进行室内设计时，设计师们还可以采用一切现代科技手段，达到最佳声、光、色、形的匹配效果，实现高速度、高效率、高功能，创造出理想的、值得人们赞叹的空间环境，如图 1-34 所示。

图 1-33　整体艺术化　　　　　　　　　　　　图 1-34　高度现代化

4．高度民族化

如果只强调高度现代化，人们虽然提高了生活质量，却又感到失去了传统、忘记了过去。因此，室内设计的发展趋势就是既讲现代又讲传统，将高度现代化与高度民族化相结合，如图 1-35 所示。

5．个性化

规模化生产给社会留下了千篇一律的同一化问题，如相同楼房、相同房间、相同的室内设备。为了打破同一化，人们更加追求个性化。

一种设计手法是把自然引进室内，使室内外通透或连成一片。另一种设计手法是打破水泥方盒子，采用斜面、斜线或曲线装饰，以此来打破水平垂直线求得变化。此外，还可以利用色彩、图画、图案，利用玻璃镜面的反射来扩展空间等，打破千人一面的冷漠感，通过精心设计，给每个家庭居室以个性化的特征，如图 1-36 所示。

图 1-35　高度民族化　　　　　　　　　　图 1-36　个性化

6．服务方便化

城市人口集中，为了高效方便，国外十分重视发展现代服务设施，例如，日本采用高科技成果发展城乡自动服务设施，自动售货设备越来越多。交通系统中电脑问询、解答、向导系统的使用，自动售票检票、自动开启、关闭进出站口通道等设施，给人们带来高效率和方便。室内设计也强调"人"这个主体，力求让消费者满意、方便。

7．高技术高情感化

最近，国际上工艺先进国家的室内设计正在向高技术高情感化发展，这两者相结合，既重视科技，又强调人情味，在艺术风格上追求频繁变化，新手法、新理论层出不穷，呈现五彩缤纷、不断探索创新的局面，如图 1-37 所示。

图 1-37　高技术高情感化

第 2 章

3ds Max 软件基础

本章主要介绍 3ds Max 软件的基础知识，包括 3ds Max 软件的功能和特性、工作界面、基本操作工具，以及系统的基本相关设置。目的在于让读者在进行室内设计时尽可能地了解 3ds Max 软件，并掌握软件的基本使用方法，为后面的学习做好铺垫。

2.1　3ds Max 的工作界面

　　双击桌面上的 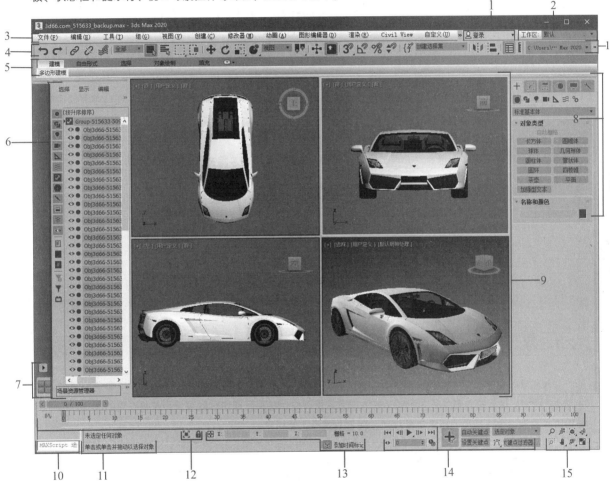 图标，启动 3ds Max 2020 程序，稍后出现的窗口就是 3ds Max 2020 工作界面。3ds Max 是一个庞大的三维动画制作软件，功能非常强大，命令和参数众多。如果只是将它用于建筑效果图的制作，大部分功能是用不上的，特别是动画制作部分，因此对于这些命令和参数，在学习过程中完全可以"置之不理"，甚至"忽略"。

　　3ds Max 2020 的工作界面可以简单划分为菜单栏、主工具栏、功能区、场景资源管理器、视口、命令面板、状态栏和提示行、视口导航控件等部分，如图 2-1 所示。

图 2-1　3ds Max 工作界面

1—"用户账户"菜单　2—工作区选择器　3—菜单栏　4—主工具栏　5—功能区　6—场景资源管理器　7—视口布局

8—命令面板　9—视口　10—MAXScript 迷你侦听器　11—状态栏和提示行　12—孤立当前选择和选择锁定切换

13—坐标显示　14—动画和时间控件　15—视口导航控件　16—"项目"工具栏

2.1.1　用户账户菜单

"用户账户"菜单按钮 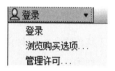 位于工作界面的右上角，单击该按钮，弹出下拉列表，如图 2-2 所示。用户可以选择登录到 Autodesk Account 来管理许可或订购 Autodesk 产品。如果软件为试用版本，此处还会显示剩余的试用天数。

图 2-2　"用户账户"菜单

2.1.2　工作区选择器

使用工作区选择器，可以快速切换任意不同的界面设置，还可以还原工具栏、菜单、视口布局预设等自定义排列。

工作区包括工具栏、菜单和四元菜单、视口布局预设、功能区、热键以及工作区场景资源管理器的任意组合。用户可以在菜单中选择"管理工作区"选项，如图 2-3 所示，定义任意数量的不同工作区。

图 2-3　工作区选择器菜单

2.1.3　菜单栏

3ds Max 菜单栏位于标题栏的下方，共有 17 项，每一项菜单的名称都直接描述了菜单命令的作用，如图 2-4 所示。这些菜单集中了 3ds Max 的大部分常用命令，在实际操作时既可使用菜单栏中的命令，也可使用工具栏和命令面板中的相应工具按钮，两者的效果完全相同。

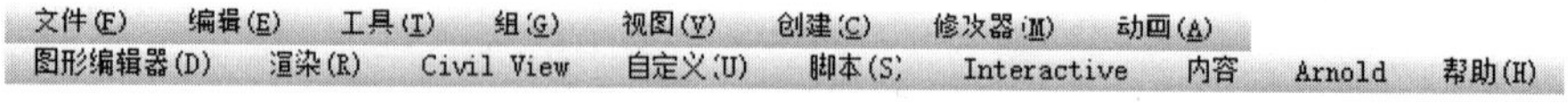

| 文件(F) | 编辑(E) | 工具(T) | 组(G) | 视图(V) | 创建(C) | 修改器(M) | 动画(A) |
| 图形编辑器(D) | 渲染(R) | Civil View | 自定义(U) | 脚本(S) | Interactive | 内容 | Arnold | 帮助(H) |

图 2-4　菜单栏

2.1.4　主工具栏

工具栏中许多工具按钮的功能与菜单栏中的命令是完全相同的，但是相比而言使用工具按钮更直观、更快捷。其中尤以主工具栏最为常用，它包含了一些使用频率很高的工具，例如变换对象工具、选择对象工具和渲染工具等，如图 2-5 所示。可以使用手形光标 拖动主工具栏以显示其他工具按钮。

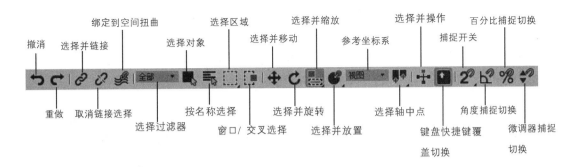

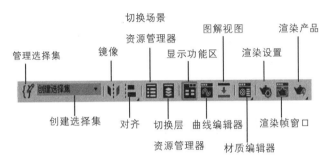

图 2-5　主工具栏

主工具栏中某些命令按钮的右下角显示了实心三角形，单击三角形，向下弹出列表，如图 2-6 所示，可以选择其他按钮来调用命令。

技巧点拨

移动光标至工具按钮上方，会出现有关该按钮功能的提示，如图 2-7 所示。

图 2-6　向下弹出列表

图 2-7　显示按钮功能提示

2.1.5　功能区

用户可以通过单击主工具栏上的"切换功能区"按钮 来打开或关闭功能区的显示。另一种控制功能区显示的方法是执行"自定义"|"显示 UI"|"显示功能区"命令。

每个选项卡都包含许多面板，这些面板显示与否通常取决于具体操作。例如，"选择"选项卡的内容因活动的子对象的层级而改变，如图 2-8 所示。

图 2-8　"选择"选项卡

用户可以使用右键单击菜单确定显示的面板，如图2-9所示，还可以分离面板以使它们单独地浮动在界面上。通过拖动面板的任意一端即可水平调整面板大小。

当使面板变小时，面板会自动调整为合适的大小。这样，以前直接可用的相同控件将需要通过展开下拉菜单才能获得，如图2-10所示。

图2-9　右键菜单

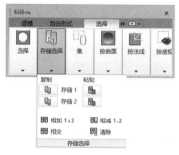

图2-10　下拉菜单

2.1.6　场景资源管理器

场景资源管理器用于查看、排序、过滤和选择对象，如图2-11所示，还可以用于重命名、删除、隐藏和冻结对象，创建和修改对象层次，以及编辑对象属性。

图2-11　场景资源管理器

2.1.7　视口布局

视口布局用于在任何数目的不同视口布局之间快速切换。例如，用户可以选择一个四视口布局，能够实现一个可同时从不同角度反映场景的总体视图以及若干个反映不同场景部分的不同全屏特写视图，如图2-12所示。这种通过一次单击即可激活其中任一视图的功能可以大大加快工作速度。布局与场景一起保存，如图2-13所示，这样就可以随时返回到自定义视口设置。

图2-12　四视口布局

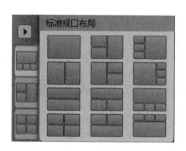

图2-13　保存布局

2.1.8　命令面板组

命令面板组位于屏幕的右侧，是用户访问最频繁的区域之一，同时也是 3ds Max 的核心工作区域，包含了绝大多数的工具和命令面板，对象的创建、修改以及动画设置等大部分工作基本上都在这里完成。

制作建筑效果图，使用最多的是创建面板和修改面板。单击图标按钮 ✚ 即可进入"创建"面板，如图 2-14 所示。从图中可以看出，创建面板由几何体 ●、图形 █、灯光 █、摄影机 █ 等多个子面板组成。

选择对象，进入"修改"面板，显示对象参数，如图 2-15 所示。在面板中重新定义参数，可在场景中观察对象的变化。

图 2-14　"创建"面板

图 2-15　"修改"面板

2.1.9　视口

当多个视口都可见时，带有高亮显示边框的视口始终处于活动状态，该视口中的命令和其他操作都生效。在如图 2-16 所示的视口布局中，右侧顶视图高亮显示黄色边框，为当前活动视口，按 Alt+W 组合键可在最大化活动视口和查看所有可用视口之间切换。

一次只能有一个视口处于活动状态，其他视口仅供观察。除非切换至"禁用"模式，如图 2-17 所示，否则这些视口会同步跟踪在活动视口中进行的操作。启用"自动关键点"或"设置关键点"后，活动视口的边框会变为红色。

图 2-16　显示活动视口

图 2-17　禁用视口

当在视口中进行工作时，该视口将变为活动状态。可以在一个视口中移动对象，然后在另一个视口中拖动同一个对象使之继续移动，方便调整对象的位置。

无须更改选择，右键单击即可激活视口。如果左键单击某视口，该视口将被激活并选中。如果在空白区域单击鼠标则可取消所有选择，使用"撤消"命令或按 Ctrl+Z 组合键可以恢复之前的选择。

2.1.10 MAXScript 迷你侦听器

MAXScript 侦听器窗口分为两个窗格，一个粉红色，一个白色，如图 2-18 所示。粉红色的窗格是"宏录制器"窗格。启用"宏录制器"时，录制下来的所有内容都将显示在粉红窗格中，粉红色行表明该条目是进入"宏录制器"窗格的最新条目。

白色窗格是"脚本"窗口，可以在这里创建脚本。在侦听器白色区域中输入的最后一行将显示在迷你侦听器的白色区域中，使用箭头键可在"迷你侦听器"中滚动显示。

可以直接在"迷你侦听器"的白色区域中输入命令，该命令将在视口中执行。

右键单击"迷你侦听器"中的任意一行，可以打开浮动的【MAXScript 侦听器】对话框，如图 2-19 所示。将显示最近记录下的 20 条命令列表，选择其中的任何一条，按下 Enter 键即可执行。

图 2-18　MAXScript 侦听器窗口

图 2-19　【MAXScript 侦听器】对话框

2.1.11 状态栏

状态栏位于屏幕的底部，会基于当前光标位置和当前操作来提供动态反馈，如图 2-20 所示。

如果选定多个对象，并且都属于同一类型，状态栏将显示对象的数量和类型。例如，会显示"选择了 3 个摄影机"，或"选择了 3 个图形"，如图 2-21 所示。

如果选择的是不同类型的多个对象，则状态栏会显示数量和"实体"字样，例如"选择了 6 个实体"，如图 2-22 所示。

选择了 1 个 对象	选择了 3 个 摄影机	选择了 6 个实体
图 2-20　状态栏	图 2-21　选择同类型对象	图 2-22　选择不同类型对象

2.1.12 提示行

提示行位于屏幕的底部，状态栏的下方。可以基于当前光标的位置和当前程序活动来提供动态反馈。如果用户不知道正在进行的具体操作，可以参阅此处的说明。

根据用户的操作，提示行将提供说明，指出 3ds Max 的进展程度或下一步的具体操作。例如，单击"移动"按钮，提示行显示"单击并拖动以选择并移动对象"，如图 2-23 所示，指示用户接下来应该执行的操作。

当光标放置在任意工具栏和状态栏的图标上时，工具提示也显示在提示行中。

执行保存文件的操作时，提示行显示如图 2-24 所示的信息，显示正在保存文件。

单击并拖动以选择并移动对象

图 2-23　显示提示信息

正在保存...

图 2-24　显示正在保存文件

2.1.13　孤立当前选择和选择锁定切换

在状态栏中单击"孤立当前选择"按钮 ⬚，将在启用"孤立"或禁用"孤立"之间进行切换。按 Alt+Q 组合键，也可以执行该操作。

在状态栏中单击"选择锁定切换"按钮 🔒，可以启用或禁用"选择锁定"。锁定选择可防止在复杂场景中意外选择其他内容。按 Ctrl+Shift+N 组合键，也可以执行该项操作。

锁定选择后，可以在视口中的任意位置单击或拖动鼠标，而不会丢失该选择。如果要取消选择或更改选择，再次单击"选择锁定切换"按钮 🔒，以解除对选定项的锁定。

有时候用户想要选择一些对象却无法进行选择，是因为选定项已被锁定。默认情况下，"选择锁定切换"处于禁用状态。

2.1.14　坐标显示

"坐标显示"区域会显示光标的位置或变换的状态，如图 2-25 所示。可以输入新的变换值，重新定义对象的位置。

⊕　X: 249.85 ⬍ Y: -33.12 ⬍ Z: 0.0 ⬍ 栅格 = 10.0

图 2-25　坐标显示

2.1.15　动画和时间控件

动画和时间控件用来记录、播放动画，以及添加关键帧、控制播放时间等，是 3ds Max 动画制作必不可少的工具，在制作建筑浏览动画时也会使用到该区域，如图 2-26 所示。

图 2-26　动画和时间控件

2.1.16　视口导航控制区

视口导航控制区由 8 个图标按钮构成，用于调整视图的大小与角度，以满足操作的需要。导航控制区的各个按钮，会因当前激活视图的不同而不同，例如当前激活视图是摄影机视图或灯光视图时，导航控制区会显示相应的摄影机或灯光控制按钮，以便对摄影机或灯光进行调节。

另外两个重要的动画控件是时间滑块和轨迹栏，如图 2-27 所示，位于动画控件左侧的状态栏上，它们均可处于浮动和停靠状态。

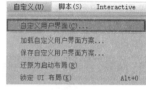

图 2-27　时间滑块和轨迹栏

2.2　3ds Max 基本操作工具

　　3ds Max 的主工具栏中提供了许多场景操作的基本工具，如选择工具、复制工具、对齐工具、变换工具、阵列工具等。本节介绍这些基本工具的使用方法，使读者能够快速熟悉 3ds Max 的操作界面及基本工具的操作方法。

2.2.1　快捷键的设置

　　设置好自己习惯的快捷键是快速完成效果图的一个标志性步骤，在 3ds Max 中内置的快捷键非常多，而且用户可以通过自行设置快捷键来调用常用的工具和命令。

STEP 01　单击菜单栏中的"自定义"→"自定义用户界面"命令，如图 2-28 所示，此时将弹出"自定义用户界面"对话框。

STEP 02　在"自定义用户界面"对话框中切换到"键盘"选项卡，在其下方的列表中选择要修改的命令，并在右侧输入相应的快捷键，单击"指定"按钮，完成快捷键的设置，如图 2-29 所示。

图 2-28　自定义用户界面

图 2-29　设置快捷键

2.2.2　选择对象

　　在 3ds Max 中，如果要对场景中的某个对象进行修改和编辑，就必须先选择这个对象。

▶ 案例【2-1】　"选择对象"工具　　　　　　　　　　　　视频文件：视频\第 2 章\2-1.mp4

　　选择对象最基本的方法就是使用工具栏中"选择对象"工具，选择该工具后在场景中单击要选择的对象即可选择该对象，下面通过一个简单的实例来介绍其使用方法。

STEP 01　打开本书附带资源"第 2 章\选择对象工具.max"文件，该场景中已经创建好了一些模型，在主工具栏中单击"选择对象"按钮█，然后在场景中单击其中一个模型，这时被选择的模型的外围会显示有一个白色方框，说明此杯子模型处于被选择状态，如图 2-30 所示。

图 2-30　选择对象

STEP 02　在场景中再选择另一个对象，按快捷键 F3，将视口的显示方式更改为"线框"模式，被选择的对象会显示为白色，如图 2-31 所示。

图 2-31　线框模式

STEP 03　若在单击"选择对象"按钮█后按住鼠标左键，并在视口中拖动，出现一个白色虚线方框，拖动到一定范围后释放鼠标，这时被白色方框包围的对象将同时被选择，如图 2-32 所示。

图 2-32　范围选择

STEP 04　在已经选择的多个对象中按住 Alt 键单击，可以取消选择这个被点击的对象，相反，使用 Ctrl 键可以进行加选，如图 2-33 所示。

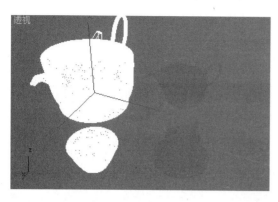

图 2-33　减选和加选

▶ 案例【2-2】　"从场景选择"对话框　　　　　　　　🎬 视频文件：视频\第 2 章\2-2.mp4

　　通过"从场景选择"对话框，用户可以方便地查找各种类型对象，也可以从当前场景中所有对象的列表中选择或指定对象。

STEP 01　打开本书附带资源"第 2 章\从场景选择对象.max"文件，该场景中已经设置好了一些不同类型的对象，在主工具栏中单击"按名称选择"按钮🔲，弹出"从场景选择"对话框，如图 2-34 所示。

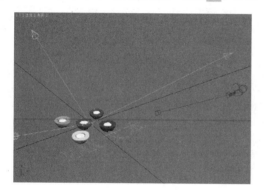

图 2-34　"从场景选择"对话框

STEP 02　在"显示"工具栏中单击█按钮，取消所有对象的显示，此时列表中不显示任何对象；单击"显示几何体"按钮🔘，列表中将只显示几何体对象，如图 2-35 所示。

图 2-35　显示几何体

STEP 03　再单击"显示图形"按钮，将二维图形对象显示出来，并选择列表中所有的对象，然后单击"确定"按钮，此时场景中的几何体和图形对象都处于被选择状态，如图 2-36 所示。

图 2-36　从场景选择对象

2.2.3　变换对象

在 3ds Max 的主工具栏中提供了很多种变换操作工具，其中比较常用的变换工具有三种："选择并移动"工具 ✛、"选择并旋转"工具 ↻、"选择并缩放"工具 ▦。利用这些工具可以改变对象在场景中的位置、方向和体积大小。

- 选择并移动 ✛：该工具是 3ds Max 中十分重要的工具之一，主要用来选择并移动对象，变换对象的位置。
- 选择并旋转 ↻：该工具的作用是用来选择并旋转对象，改变对象的方向。
- 选择并缩放 ▦：该工具的主要作用是用来选择并缩放对象，改变对象的大小比例。

▶ 案例【2-3】 变换对象　　　　　　　　　　　视频文件：视频\第 2 章\2-3.mp4

下面通过一个实例操作使读者对变换工具有一个全面的了解。

STEP 01 打开本书附带资源"第 2 章\变换工具.max"文件，在主工具栏中单击"选择并移动"按钮 ✛（快捷键为 W），将右侧的碗叠在一起，如图 2-37 所示。

图 2-37　变换对象位置

STEP 02 在主工具栏上单击"选择并旋转"按钮 ↻（快捷键为 E），在场景中改变碟子的方向，如图 2-38 所示。单击"选择并缩放"按钮 ▦（快捷键为 R），通过控制柄调整选择对象的大小，如图 2-39 所示。

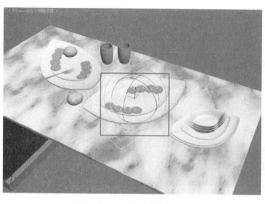
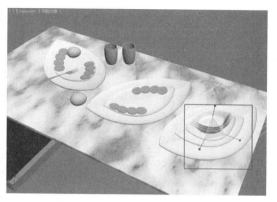

图 2-38 改变对象的方向   图 2-39 调整对象的大小

2.2.4 单位设置

在 3ds Max 2020 中，单位设置可以分为显示单位设置和系统单位设置，只要执行"自定义"→"单位设置"命令，就可以打开该对话框，如图 2-40 所示。"单位设置"对话框用来建立单位显示的方式，通过它可以在通用单位和标准单位（英尺和英寸，还是公制）间进行选择。也可以创建自定义单位，这些自定义单位可以在创建任何对象时使用。设置的单位则用于度量场景中的几何体，是进行模型创建的依据。

单击"单位设置"对话框中的"系统单位设置"按钮，可以打开"系统单位设置"的对话框，在该对话框中可以进行系统单位的设置，系统单位是进行模型转换的依据，它是模型的实际单位，此单位是必须要设置的，如图 2-41 所示。

图 2-40 单位设置   图 2-41 系统单位设置

2.2.5 群组对象

在大型场景中，模型数量很大，这时需要把众多对象合并到一个组中进行统一管理，这样整体场景中的状态便会显得更为合理。

STEP 01 打开本书附带资源"第 2 章\群组对象.max"文件，按 Alt+A 组合键，将沙发的所有模型选中，单击菜单栏中的"组"→"群组"命令，如图 2-42 所示。

图 2-42　设置群组对象

STEP 02　在弹出的"组"对话框中对群组对象进行命名，单击"确定"按钮以完成沙发成组的设定，如图 2-43 所示。

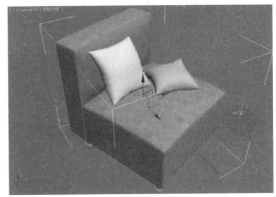

图 2-43　命名群组对象

2.2.6　复制对象

1. 变换工具复制

在三维模型创作过程中，经常会使用到复制功能，熟练掌握各种复制工具可以极大地提高工作效率。变换工具复制是经常使用的方法，按住 Shift 键的同时利用移动、旋转或缩放工具并拖动鼠标即可将物体进行变换复制，释放鼠标的同时软件会自动弹出"克隆选项"对话框，该复制的类型可以分为 3 种，即常规复制、实例复制、参考复制，同时还可以在对话框中设置复制数量。

❑　常规复制

"常规复制"在复制的物体与原始对象之间是完全独立的，也就是说，复制出来的对象和原始对象互不影响，下面通过一个简单的实例来演示其使用方法。

▶ 案例【2-4】常规复制　　　　　　　　　　视频文件：视频\第 2 章\2-4.mp4

STEP 01　打开本书附带资源"第 2 章\变换工具复制对象.max"文件，该场景中有一个沙发模型，选择场景中的模型，按住 Shift 键拖动复制，保持在复制过程中所弹出的对话框中的参数为默认参数，单击"确定"按钮，如图 2-44 所示。

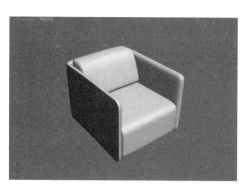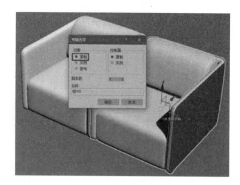

图 2-44　移动复制

STEP 02　使用移动工具调整复制出来的对象，依照同样的方法复制第三个沙发对象，并使用移动工具调整其位置，如图 2-45 所示。

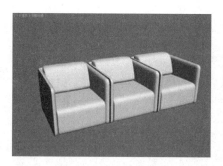

图 2-45　再次复制对象

❑　**实例复制**

"实例复制"在效果图制作过程中使用比较频繁，复制出的物体与原始对象是相互影响的，改变其中任意一个，另外一个将跟随改变。

▶ 案例【2-5】　实例复制　　　　　　　　　　🎬 视频文件：视频\第 2 章\2-5.mp4

STEP 01　打开本书附带资源"第 2 章\旋转复制对象.max"文件，该场景中有一个沙发模型，按住 Shift 键然后使用旋转工具进行旋转复制，在弹出的对话框中选择"对象"选项组中的"实例"，再单击"确定"按钮，如图 2-46 所示。

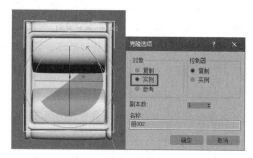

图 2-46　实例复制

STEP 02　选择场景中的对象并调整好位置，执行"组"→"解组"命令，然后再选择一个对象，切换面板到"修改命令"面板，展开对象的子对象，如图 2-47 所示。

图 2-47　解组

STEP 03　保持"顶点"为选择模式，选择任意的点并进行调节，让它产生形变，此时可以看见另一个对象也会产生相同的变化，如图 2-48 所示。

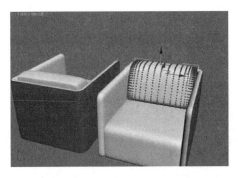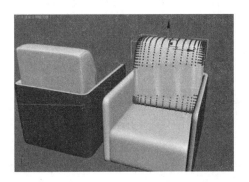

图 2-48　实例复制并调节

❑　参考复制

"参考复制"即改变复制物体，原始对象不跟随改变，但改变原始对象，复制物体跟随改变。它介于常规复制与关联复制之间，既有关联性，又有独立性，如图 2-49 所示。

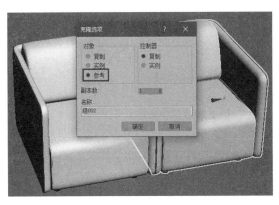

图 2-49　参考复制

2．镜像复制

单击主工具栏上的"镜像"按钮 ，将显示"镜像"对话框，使用该对话框可以在镜像一个或多个对象的方向时，移动这些对象。"镜像"对话框还可以用于围绕当前坐标系中心镜像进行当前选择，也可以同时创建克隆对象。如果镜像分级链接，则可使用镜像 IK 限制的选项，如图 2-50 所示。

图 2-50　镜像复制

案例【2-6】　镜像复制

视频文件：视频\第 2 章\2-6.mp4

下面通过一个简单的实例来演示其使用方法。

STEP 01　打开本书附带资源"第 2 章\镜像对象.max"文件，该场景中有一个雕塑，选择该对象并单击主工具栏上的"镜像"按钮，保持弹出的对话框中的参数不变，单击"确定"按钮，可以看见雕塑的方向发生了变化，如图 2-51 所示。

图 2-51　镜像对象

STEP 02　按 Ctrl+Z 组合键撤消操作，保持对象的选择状态，单击"镜像"命令，对该对话框中的参数进行调整，如图 2-52 所示。

图 2-52　镜像参数设置

STEP 03　切换回视图中，可以看见在设置了不同的参数后，场景中的对象也随之产生了改变，在镜像的对话框中不仅可以对镜像的轴向进行选择，也可以对镜像的状态进行选择，如图 2-53 所示。

 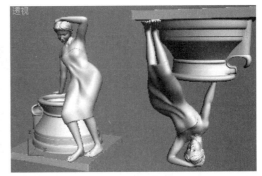

图 2-53　镜像对象

2.2.7　阵列对象

执行"阵列"命令将显示"阵列"对话框,使用该对话框可以基于当前选择创建阵列对象,如图 2-54 所示。

图 2-54　阵列对象

▶ 案例【2-6】　阵列对象　　　　　　　　　　　　视频文件:视频\第 2 章\2-7.mp

下面通过一个简单的实例来演示其使用的方法。

STEP 01　打开本书附带资源"第 2 章\阵列对象.max"文件,该场景中有一些桌椅模型,选择椅子模型,切换至"层次"命令面板,单击"仅影响轴"按钮调整椅子的轴坐标,如图 2-55 所示。

 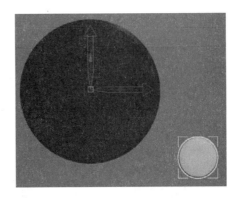

图 2-55　调整坐标轴

STEP 02 执行菜单栏"工具"→"阵列"命令，在弹出的"阵列"对话框中设置参数，如图 2-56 所示。

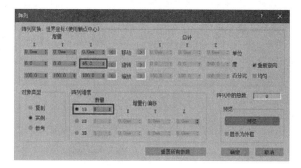

图 2-56　调整阵列参数

STEP 03 单击"确定"按钮执行操作，可以看见场景中的椅子围绕着其坐标的 Z 轴进行旋转阵列，如图 2-57 所示。

图 2-57　旋转阵列

2.2.8　对齐对象

该工具可以将当前选定对象与目标对象进行对齐。下面通过一个简单的实例来演示其使用的方法。

案例【2-7】对齐对象　　　　　　　　　　　视频文件：视频\第 2 章\2-8.mp4

STEP 01 打开本书附带资源"第 2 章\对齐对象.max"文件，可以观察到场景中有一把椅子没有与其他椅子对齐，如图 2-58 所示。

图 2-58　打开文件

STEP 02　选择没有对齐的椅子，然后在"主工具栏"中单击"对齐"按钮 ▮▮，接着单击另外一把处于正常位置的椅子，在弹出的对话框中设置相关参数，单击"确定"按钮执行操作，可以看见该椅子与其他椅子已经对齐了，如图 2-59 所示。

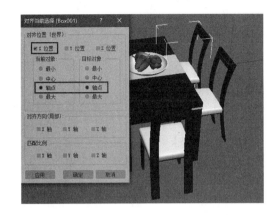

图 2-59　对齐对象

第 3 章

室内建模基础

3ds Max 建模功能十分强大，方法也非常灵活，创建建筑模型时可根据建筑的特点选择相应的建模方法。本章将介绍室内效果图建模中常用的几种建模方法，如基本几何体建模、图形修改器建模、复合对象建模和多边形建模。

3.1 基本几何体建模

　　3ds Max 提供了多种基本的几何体，包括标准的基本体和扩展基本体。许多建筑模型，如楼梯、墙体和柜台等，正是由这些简单的基本几何体组合而成的，其他的建模方法很多都是从创建这些简单的几何体开始，然后通过添加修改器编辑得到所需的造型。因此，基本几何体建模是 3ds Max 建模的基础，如图 3-1 所示。

图 3-1　基本几何体建模

3.1.1 标准基本体

　　在 3ds Max 2020 中创建标准几何体很简单，用户只要在"创建"主命令面板的下拉列表中选择"标准基本体"选项，选择要创建的基本体，然后在活动视图区中单击并拖动鼠标，就可以生成相应的三维模型。通过该主命令面板可以创建"长方体""球体""圆柱体"等 10 种标准基本体，如图 3-2 所示。

1. 长方体

　　"长方体"是三维模型中最简单，使用最频繁的模型。它的形状由"长度""宽度"和"高度"3 个参数来决定的，它的网格分段结构由对应的"长度分段""高度分段"和"宽度分段"3 个参数来决定。它还可以通过在"键盘输入"卷展栏中输入精确的数值来建立，如图 3-3 所示。

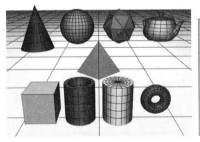

图 3-2　标准基本体

图 3-3　长方体

2. 球体

　　"球体"适合做基于球体的各种截取变换，可以方便地控制切片的局部大小，它表面的细分网格是由一组平行的经纬线垂直相交组成的。影响它的参数有半径、分段、半球等多种参数，如图 3-4 所示。

- 半径和分段：分别影响球体的大小和平滑程度。
- 半球：用来控制球体的完整性。随着半球参数值的增加，球体会越来越趋向于不完整状态。
- 切片：用来控制球体的弧度。

3．圆柱体

圆柱体可用于制作圆柱体、棱柱体、局部的圆柱体或棱柱体，当将高度值设为 0 时可产生圆形或扇形平面，如图 3-5 所示。

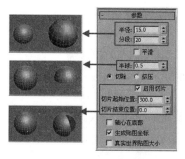

图 3-4　球体

图 3-5　圆柱体

4．其他标准三维模型

除了上述的几种标准模型外，面板中还包含了几种其他模型。这些模型与前面所讲述的设置方法基本相同，所以在这里就不再具体讲解，读者可以参考前面所讲的内容进行制作，如图 3-6 所示。

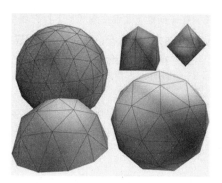
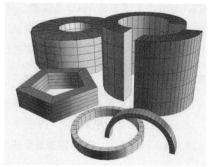

图 3-6　其他标准三维模型

3.1.2　扩展基本体

与标准基本体一样，扩展基本体模型的创建命令按钮也位于创建命令面板中。打开"创建"主命令面板下"几何体"中的下拉列表，选择"扩展基本体"选项，即可打开扩展三维模型的创建面板。用户同样可以通过选择相应的基本体，然后在活动视图区中单击并拖动鼠标，就可以生成相应的三维模型。通过此命令面板可以创建"异面体""切角长方体""环形结"等 13 种扩展三维模型，如图 3-7 所示。

1．异面体

异面体是一种比较典型的扩展三维模型，具有棱角鲜明的形状特点。影响它的参数包括"系列""系列参数"和"轴向比率"，如图 3-8 所示。

图 3-7　扩展基本体

图 3-8　异面体

2. 切角长方体

切角长方体可以理解为长方体的每条边进行平滑圆弧处理后的模型。它的大小、形状由"长度""宽度""高度"和"圆角"4 个参数决定，如图 3-9 所示。

3. 环形结

环形结是形状比较复杂而柔美的三维模型。控制它的参数由"基础曲线""横截面""平滑"和"贴图坐标"4 个选项组成。环形结模型还具有 2 种模式，当选择"结"模式时 P、Q 参数就会变得可以调节。当选择"圆"模式时，扭曲数和扭曲高度的参数才会变得可以调节，如图 3-10 所示。

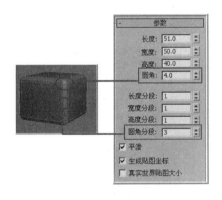

图 3-9　切角长方体

图 3-10　环形结"基础曲线"参数组

"横截面"选项组主要用于对缠绕成环形结的圆柱体截面进行设置，读者可以自行设置其参数使其产生各种形状，如图 3-11 所示。

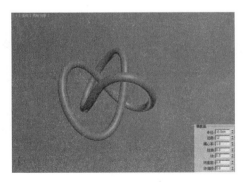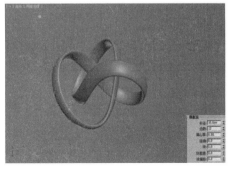

图 3-11　环形结"横截面"参数组

4. 其他扩展三维模型

其他扩展三维模型与前面讲述的模型基本相同，读者可以参考前面所讲述的内容进行制作，如图 3-12 所示。

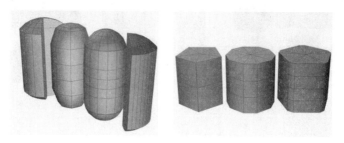

图 3-12　其他扩展三维模型

3.1.3 楼梯

楼梯是一种较为复杂的模型，制作此类模型时需要花费比较多的时间。在 3ds Max 中提供了参数化楼梯模型，可以方便地创建出楼梯效果，不仅使模型创建更容易，而且更易于修改。在 3ds Max 中可以创建四种不同类型的楼梯：螺旋楼梯、直线楼梯、L 型楼梯和 U 型楼梯。

1. 螺旋楼梯

使用"螺旋楼梯"对象可以指定旋转的半径和数量，添加侧弦和中柱甚至更多，如图 3-13 所示。

图 3-13　螺旋楼梯示例

▶ 案例【3-1】　螺旋楼梯　　　　　　　　　　　　视频文件：视频\第 3 章\3-1.mp4

下面我们通过一个简单的例子讲解"螺旋楼梯"的参数。

STEP 01　首先创建楼梯模型。点击"创建"→"几何体"按钮，并在其下拉列表中选择"楼梯"。在"对象类型"卷展栏中单击"螺旋楼梯"按钮后，在视图中拖动鼠标指定其弧度，再向上移动鼠标并单击确定楼梯的高度，如图 3-14 所示。

图 3-14　创建楼梯

STEP 02 保持楼梯类型为"开放式",如图 3-15 所示。

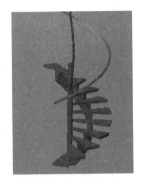

图 3-15　设置螺旋楼梯参数

专家提醒

在"生成几何体"选项组中取消勾选"侧弦"复选框,楼梯踏板两侧的挡板将消失。勾选"支撑梁"复选框,会在梯级下创建一个倾斜的切口梁,该梁支撑着台阶。勾选"中柱"复选框,将在螺旋的中心创建一个中柱。勾选"扶手"选项右侧的"内表面"和"外表面"复选框,将创建梯的内外扶手。

STEP 03 分别对"支撑梁""栏杆""中柱",以及其他的参数进行调节,如图 3-16 所示。

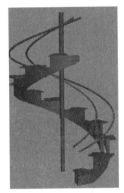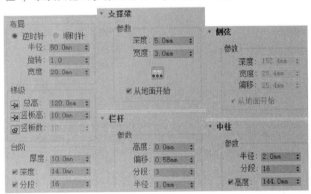

图 3-16　设置其他参数

STEP 04 支撑梁间距可以调节支撑梁的个数、距离和其他参数,如图 3-17 所示。

图 3-17　支撑梁间距

STEP 05 下面为楼梯添加栏杆。勾选"扶手路径"的"内表面"和"外表面",使楼梯显示路径。然后进入

"AEC 扩展"命令面板,在"对象类型"卷展栏中选择"栏杆",然后单击"栏杆"卷展栏中"拾取栏杆路径"按钮,在楼梯模型的相应位置单击,创建出栏杆并调节其参数,再调节"下围栏间距"中的"计数"值为 2,"立柱间距"中的"计数"为 2,"栅栏间距"中的"计数"为 15,如图 3-18 所示。

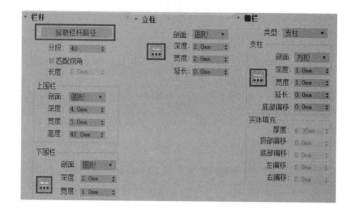

图 3-18 设置栏杆参数

STEP 06 至此,整个楼梯模型就创建完成了,如图 3-19 所示。

图 3-19 螺旋楼梯

2. L 型楼梯

"L 型楼梯"模型的创建参数和"螺旋楼梯"的一致,不再做详细介绍。读者可以参考前面"螺旋楼梯"的内容调节其参数,调整各项参数后的效果如图 3-20 所示。

图 3-20 L 型楼梯

3. 直线楼梯

"直线楼梯"由一段楼梯组成，且没有平台，由于"直线楼梯"模型的创建参数同"螺旋楼梯"参数一致，不再重复叙述.，模型效果如图 3-21 所示。

图 3-21　直线楼梯

4. U 型楼梯

"U 型楼梯"和"螺旋楼梯"有类似的地方，只是楼梯的各段的分段线比较少没有产生圆弧效果。在制作"U 型楼梯"时，创建参数和"螺旋楼梯"一致，这里主要讲述"U 型楼梯"的独有参数。其独有参数是可以设置上下两部分楼梯的相互位置，.模型效果如图 3-22 所示。

图 3-22　U 型楼梯

案例【3-2】 电脑桌　　　　　　　　　　视频文件：视频\第 3 章\3-2.mp4

本实例通过制作一个简单的电脑桌造型来学习基本几何体的创建方法，以及其参数的修改方法。

STEP 01 在透视图中，单击"创建"→"几何体"→"标准基本体"面板中的"长方体"工具按钮，在视图中创建一个长方体，如图 3-23 所示。

图 3-23　创建长方体

STEP 02 在"参数"卷展栏中，对长方体的长、宽、高三个参数项进行设置，如图3-24所示。

图 3-24　设置参数

STEP 03 切换至左视图，单击"长方体"按钮并在场景中创建长方体对象，并在"参数"卷展栏中对参数进行设置，如图 3-25 所示。

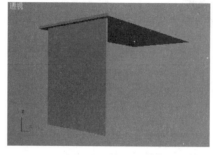
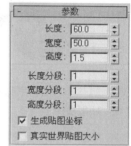

图 3-25　创建桌脚长方体

STEP 04 在前视图中选择桌脚模型，按住 Shift 键执行拖动复制命令，复制出 3 个桌脚模型，如图 3-26 所示。

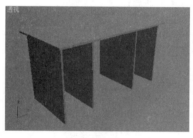

图 3-26　复制桌脚

STEP 05 下面创建挡板。同样使用"长方体"工具在场景中创建长方体对象，并在"参数"卷展栏中对参数进行设置，如图 3-27 所示。

图 3-27　创建挡板

STEP 06 在前视图中，选择挡板模型，按住 Shift 键进行拖动复制，复制挡板模型，并使用移动工具调整其位置，如图 3-28 所示。

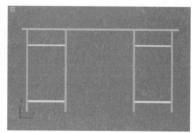

图 3-28　复制挡板

STEP 07 接着创建抽屉模型。保持在前视图，使用"长方体"工具在场景中创建长方体对象，并在其"参数"卷展栏对参数进行设置，如图 3-29 所示。

图 3-29　创建抽屉

STEP 08 选择抽屉模型，按住 Shift 键进行拖动复制，复制出一个抽屉模型，并使用移动工具调整其位置，如图 3-30 所示。

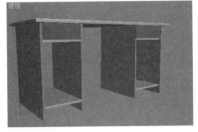

图 3-30　复制抽屉

STEP 09 在场景中使用"长方体"工具创建长方体对象，并对其参数进行设置，如图 3-31 所示。

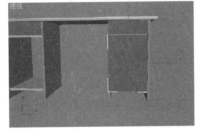

图 3-31　创建长方体

STEP 10 下面创建键盘架。切换至顶视图，在场景中创建长方体对象，并对其参数进行设置，如图 3-32 所示。

图 3-32　创建键盘架

STEP 11 细化场景。在左视图中，单击"创建"→"几何体"→"扩展基本体"面板中的"切角长方体"按钮，在视图中创建一个切角长方体对象，并对其参数进行设置，如图 3-33 所示。

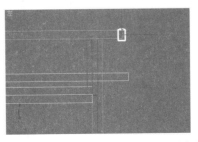

图 3-33　创建切角长方体

STEP 12 同样在键盘架上也创建一个切角长方体，并对其中的参数进行设置，如图 3-34 所示。

图 3-34 创建切角长方体

STEP 13 下面来创建抽屉的把手。单击"创建"→"几何体"→"扩展基本体"面板中的"C-Ext"按钮，在场景中创建一个把手模型，并对其参数进行设置，如图 3-35 所示。

图 3-35 创建把手

STEP 14 然后复制出其他的把手，并使用移动工具调整把手位置，接着使用标准基本体制作出其他的附件模型，如图 3-36 所示。

图 3-36 创建其他附件

STEP 15 然后为电脑桌模型赋予一些简单的材质，最终效果如图 3-37 所示。

图 3-37 电脑桌模型

3.2 图形修改器建模

在 3ds Max 中，图形修改器建模是一种常用的建模方法。这类建模方法具有操作简单，模型建立数据精确，以及编辑方式灵活等特点。利用这种建模方法可以快速准确地建立场景所需的模型。

图形修改器建模方法在建立模型时，主要是利用二维图形配合编辑修改器命令来建立的。按照要求将二维图形编辑成为场景需要的形状，结合编辑修改器使二维图形进行延展、旋转或挤压等立体化变形，从而将二维图形生成三维形体。

二维图形

二维图形是一个由一条或多条曲线或直线组成的对象，利用其可生成面片、三维曲面、旋转曲面、挤出对象，定义放样组件以定义运动路径等。

1．创建二维图形

创建二维图形与创建三维几何体的命令工具一样，也是通过调用"创建"主命令面板中的创建命令来实现的。单击"创建"→"图形"命令按钮，即可打开二维图形的"创建"命令面板，如图 3-38 所示。

  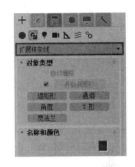

图 3-38　"二维图形"面板

从"图形"面板的"样条线"和"扩展样条线"命令面板中可以看到 17 种命令按钮，单击这些按钮后，即可在场景中绘制相关图形，如图 3-39 所示。

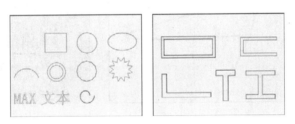

图 3-39　二维图形

下面讲解几个比较常用的二维图形。

❑　线

"线"工具是 3ds Max 中最常用的二维图形绘制工具。由于"线"工具绘制出的图形是非参数化的，用户使用该工具时可以随心所欲地建立所需的图形。

单击"创建"→"图形"→"样条线"中的"线"按钮，在视图中单击绘制所需形状，如图 3-40 所示。

图 3-40　创建"线"

当单击创建顶点对象后，拖动鼠标即可创建出曲线。在"创建方法"卷展栏中有"初始类型"和"拖动类型"两个选项组，如图 3-41 所示。

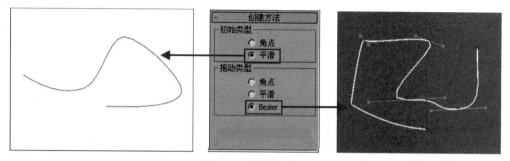

图 3-41 "线"创建方法

当曲线的顶点被设置为"Bezier"类型后，所选择的顶点会出现带有绿色端点的手柄，通常将这种手柄称为切线手柄，拖拽切线手柄可以调整样条曲线的曲率和曲线方向。

创建"线"样条线也可以通过键盘输入的方法来进行，在"键盘输入"卷展栏中有 X、Y、Z 这 3 个轴向坐标的参数栏，在此输入顶点位置的坐标后，单击"添加点"按钮，即可创建出"线"样条线。当"线"创建完毕后，单击"完成"按钮，即可完成创建，如图 3-42 所示。

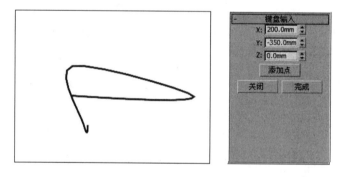

图 3-42 键盘输入创建"线"

技巧点拨

如果单击"关闭"按钮，将会连接创建的最后一个顶点和开始时的顶点，形成封闭的二维曲线。

□ 矩形

"矩形"图形包含"长度"和"宽度"参数，修改这两个参数可以更改矩形的大小，"边"和"中心"两个选项用来选择是从边还是从中心来创建矩形，"角半径"参数用来控制矩形圆角的大小，如图 3-43 所示。

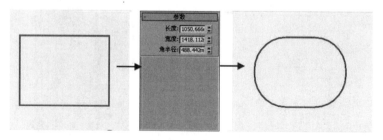

图 3-43 创建矩形

❑　文字

"文字"图形用于创建各种二维文字图形，用户可以对文字的字体、大小、间距以及内容等参数进行设置，如图 3-44 所示。

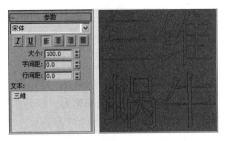

图 3-44　创建"文字"图形

2．曲线公共参数

二维图形都拥有一些基本属性，用户可以根据建模需要对二维图形的基本属性进行设置。在"渲染"和"插值"卷展栏中提供了这些基本属性的设置选项。

❑　渲染

默认情况下二维图形是不能够被渲染的，但在"渲染"卷展栏中可以更改二维图形的渲染设置，使线框图形以三维形体方式渲染，如图 3-45 所示。

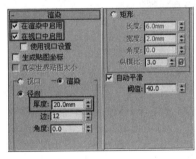

图 3-45　"渲染"卷展栏

❑　插值

"插值"卷展栏中的参数可以控制样条线的生成方式。在 3ds Max 中所有样条线都被划分为近似真实曲线的较小直线，样条线上的每个顶点之间的划分数量称为"步数"，使用的"步数"越多，显示的曲线越平滑。当勾选"插值"卷展栏中"优化"复选框后，可以从样条线的直线线段中删除不需要的步数，从而生成形状和速度均为最佳状态的图形，如图 3-46 所示。

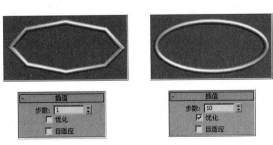

图 3-46　插值

3. 可编辑样条线

"可编辑样条线"提供了将对象作为样条线并以三个子对象层级进行操纵的控件："顶点""线段"和"样条线"。"可编辑样条线"中的功能同编辑样条线修改器中的功能相同，不同的是，将现有的样条线形状转化为可编辑的样条线时，将不再可以访问创建参数或设置它们的动画。但是，样条线的插值设置仍可以在可编辑样条线中使用。

❑ 转换图形

3ds Max 提供的样条线对象，都可以被塌陷成一个可编辑样条线对象。在执行了塌陷操作后，由二维图形所创建出的图形不会有太大的变化，而参数化的图形被塌陷后，将不能再访问之前的创建参数，参数化图形的属性名称在堆栈栏中会变为"可编辑样条线"，并拥有了 3 个对象层级，如图 3-47 所示。

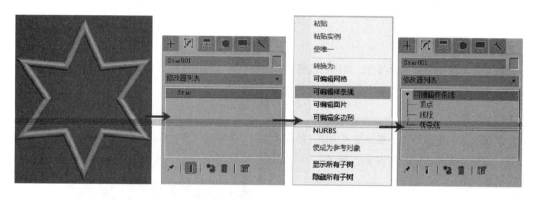

图 3-47 转换图形

❑ 附加

将场景中的其他样条线附加到所选样条线。只要单击该命令，再选择要附加到当前选定样条线对象的对象即可，附加的对象也必须是样条线，如图 3-48 所示。

❑ 焊接

将两个端点顶点或同一样条线中的两个相邻顶点转化为一个顶点。移近两个端点顶点或两个相邻顶点，并同时选择这两个顶点，然后单击"焊接"按钮。如果这两个顶点的距离在由"焊接"微调器（按钮的右侧）设置的单位距离内，两顶点将转化为一个顶点，如图 3-49 所示。

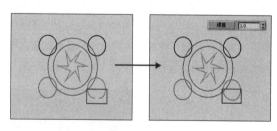

图 3-48 附加　　　　　　　　　　　　　　　　图 3-49 焊接

专家提醒

可以对选择的一组顶点进行焊接，只要每对顶点在阈值范围内。

❑　插入

插入一个或多个顶点，以创建其他线段。单击线段中的任意处可以插入顶点并将其附加到样条线。单击一次可以插入一个角点顶点，而拖动鼠标则可以创建一个 Bezier（平滑）顶点，如图 3-50 所示。

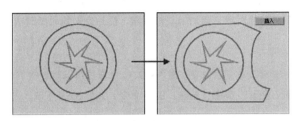

图 3-50　插入

❑　圆角和切角

允许在线段会合的地方设置圆角和切角，添加新的控制点。可以交互地（通过拖动顶点）应用此效果，也可以通过使用设置数字（使用"圆角"微调器）来应用此效果，如图 3-51 所示。

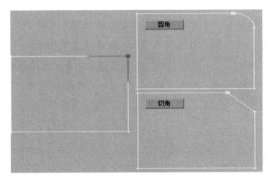

图 3-51　圆角和切角

❑　拆分

通过添加由微调器指定的顶点数来细分所选线段。选择一个或多个线段，设置"拆分"微调器，然后单击"拆分"按钮，此时每个所选线段将被"拆分"微调器中指定的顶点数拆分，如图 3-52 所示。

专家提醒

顶点之间的距离取决于线段的相对曲率，曲率越高的区域得到的顶点越多。

❑　分离

允许选择不同样条线中的几个线段，然后分离它们，以构成一个新图形。有以下三个可用选项：同一图形、重定向、复制，如图 3-53 所示。

图 3-52　拆分

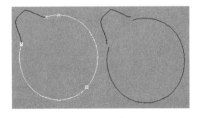

图 3-53　分离

3.2.2 修改器

3ds Max 提供了大量的编辑修改器,这些命令在建立模型、材质、动画等方面有重要的辅助功能。编辑修改器的使用方法基本上都是选择对象,添加编辑修改器,然后定义编辑修改器的参数。

1. 修改命令堆栈

修改命令堆栈是管理所有修改命令的关键。使用修改命令堆栈可以找到特定的修改命令,还可以调整命令的参数、修改命令的顺序、复制、剪切、粘贴、关闭命令,如图 3-54 所示。

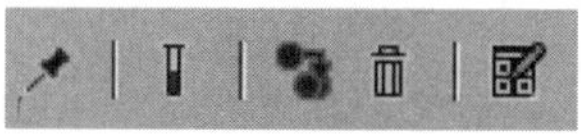

图 3-54   堆栈管理按钮

- "锁定堆栈"按钮: 单击该按钮,可以将所选对象的堆栈锁定,即使选择了视口中的另一个对象,也可以继续对锁定堆栈的对象进行编辑。
- "显示最终结果"按钮: 单击该按钮,会在选定的对象上显示整个堆栈的效果。
- "使唯一"按钮: 使实例化对象成为唯一,或者使实例化修改命令对于选定对象是唯一的。
- "移除修改命令"按钮: 从堆栈中删除当前的修改命令,消除该修改命令引起的所有更改。
- "配置修改命令集"按钮: 单击该按钮,可显示一个弹出菜单,用于配置在修改面板中如何显示和选择修改命令。

2. 常用修改器

❑ 弯曲修改器

"弯曲"修改器可对对象进行弯曲处理,可以调节弯曲的角度和方向,以及限制对象在一定的区域内的弯曲程度,如图 3-55 所示。

❑ 扭曲修改器

"扭曲"修改器在对象几何体中会产生一个旋转效果,可以控制任意三个轴上扭曲的角度,并设置偏移来压缩扭曲相对于轴点的效果,如图 3-56 所示。

图 3-55   弯曲修改器

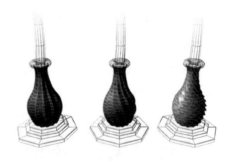

图 3-56   扭曲修改器

❑ 锥化修改器

"锥化" 修改器通过缩放对象几何体的两端产生锥化轮廓,一段放大而另一端缩小,如图 3-57 所示。

可以在两组轴上控制锥化的量和曲线，也可以对几何体的一段限制锥化。

❑　FFD 类型修改器

FFD 代表自由形式变形，"FFD"（自由形式）修改器使用晶格框包围选中几何体，通过调整晶格的控制点，可以改变封闭几何体的形状。其中又包括 FFD2×2×2、FFD3×3×3、FFD4×4×4、FFD 长方体和 FFD 圆柱体这四个修改器，如图 3-58 所示。

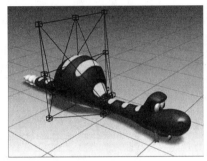

图 3-57　锥化修改器　　　　　　　　　　　图 3-58　FFD 类型修改器

❑　挤出修改器

"挤出"编辑修改器作用于图形对象局部坐标系的 Z 轴，沿 Z 轴产生积压效果，将样条线图形增加厚度生成三维模型，如图 3-59 所示。"挤出"编辑修改器可以挤压任何类型的样条线，也包括不封闭的样条线。

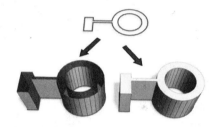

❑　倒角修改器

"倒角"修改器将图形挤出为 3D 对象，并在边缘应用平或圆的倒角。此修改器的一个常规用法是创建 3D 文本和徽标，而且可应用于任意图形。倒角将图形作为一个

图 3-59　挤出修改器

3D 对象的基部，然后将图形挤出为四个层次并对每个层次指定轮廓量，如图 3-60 所示。

❑　车削修改器

"车削"修改命令是通过旋转一个二维图形来创建三维，如图 3-61 所示。

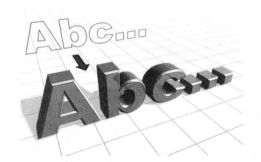

图 3-60　倒角修改器　　　　　　　　　　　图 3-61　车削修改器

案例【3-3】 格子窗　　　　　　　　　　　　视频文件：视频\第 3 章\3-3.mp4

本实例以格子窗的造型制作为例，对二维图形的编辑修改操作进行讲解。

STEP 01 在前视图中，单击"创建"→"图形"→"样条线"面板中的"矩形"按钮，创建一个矩形线框，如图 3-62 所示。

图 3-62　创建矩形

STEP 02 然后在"参数"卷展栏中对其参数进行调节，如图 3-63 所示。

图 3-63　调节参数

STEP 03 同样使用"图形"面板中的"矩形"工具在场景中绘制出几个矩形线框，如图 3-64 所示。

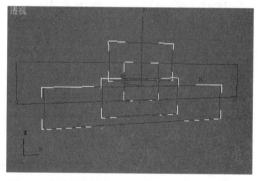

图 3-64　创建其他矩形

STEP 04 保持视图在前视图，单击"创建"→"图形"→"样条线"面板中的"椭圆"按钮，在视图中创建一个椭圆线框，如图 3-65 所示。

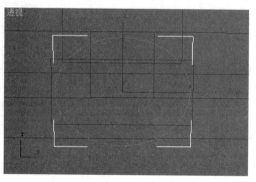

图 3-65　创建椭圆

STEP 05 在场景中选择任意一个图形，单击鼠标右键，在弹出的菜单中执行"转换为"→"转换为可编辑样条线"命令，然后切换至"修改"命令面板，如图 3-66 所示。

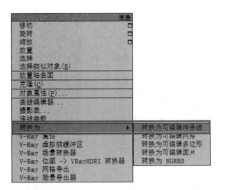

图 3-66　转换图形

STEP 06 展开"几何体"卷展栏，单击"附加多个"命令按钮，在弹出的对话框中选择所有的二维图形，然后单击"确定"按钮将它们附加并在一起，如图 3-67 所示。

图 3-67　附加图形

STEP 07 切换至样条线子对象模式，在"几何体"卷展栏中单击"修剪"命令按钮，对图形进行修剪，如图 3-68 所示。保持视图在前视图。

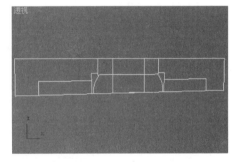

图 3-68　修剪图形

STEP 08 单击"创建"→"图形"→"样条线"面板中的"圆"按钮，创建一个圆型线框，切换至"线段"模式，并选择所有的线段，然后在"几何体"卷展栏中设置"拆分"的数量为 3，单击"拆分"命令按钮执行操作，如图 3-69 所示。

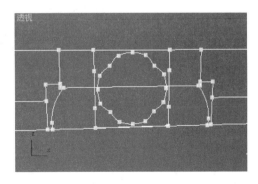

图 3-69　拆分线段

STEP 09 单击"创建"→
"图形"→"样条线"面
板中的"线"按钮，在视
图中创建出其他几个样条
线，如图 3-70 所示。

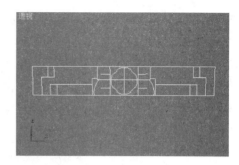

图 3-70　创建其他线段

STEP 10 选择视图中的
样条线，在"修改"命令
面板中，展开"渲染"卷
展栏，勾选"在渲染中启
用"和"在视口中启用"
复选框，并选择渲染的方
式为"矩形"，然后对矩形
渲染方式的参数进行修
改，如图 3-71 所示。

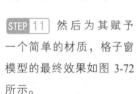

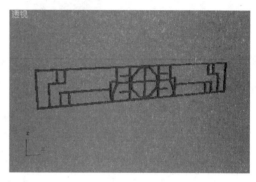

图 3-71　在视口中可见

STEP 11 然后为其赋予
一个简单的材质，格子窗
模型的最终效果如图 3-72
所示。

图 3-72　格子窗模型

▶ 案例【3-4】 玻璃杯   🔊 视频文件：视频\第 3 章\3-4.mp4

　　本实例通过一个二维图形结合修改器的方法来创建出玻璃杯模型，使读者对二维图形转化为三维物体的
方法有一定的了解。

STEP 01 在左视图中，单
击"创建"→"图形"→
"样条线"面板中的"线"
按钮，创建出玻璃杯的轮
廓线，如图 3-73 所示。

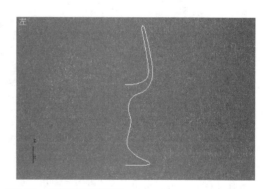

图 3-73　创建玻璃杯轮廓线

STEP 02 选择玻璃杯的轮廓线，在"修改器列表"中选择"车削"，为图形添加一个"车削"修改器，效果如图 3-74 所示。

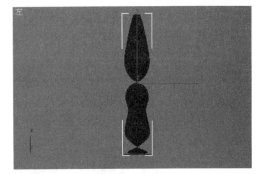

图 3-74　添加"车削"修改器

STEP 03 然后在"参数"卷展栏中将对齐的方式设置为"最小"，如图 3-75 所示。

图 3-75　对齐方式设置为"最小"的效果

STEP 04 至此整个玻璃杯的模型已经制作完成，按住 Shift 键复制出两个玻璃杯模型，并使用"变换"工具调整其位置，然后为其赋予一个简单的材质，最终效果如图 3-76 所示。

图 3-76　玻璃杯模型

3.3　复合对象建模

复合对象建模是一种特殊的建模方法，它通过将两种或两种以上的模型对象合并为一个对象，来创建出更为复杂的模型。

3.3.1　创建复合对象

在"创建"命令面板中单击"几何体"按钮，选择下拉列表中"复合对象"选项，进入"复合对象"创建面板，就可以创建复合对象，下面讲解一些常用的复合对象工具。

1. 变形

变形是一种与 2D 动画中的中间动画类似的动画技术，就是一种有开始和结束动作插入中间动作的动画技术。"变形"对象可以合并两个或多个对象，方法是插补第一个对象的顶点，使其与另外一个对象的顶点位置相符，如果随时执行这项插补操作，将会生成变形动画，如图 3-77 所示。

图 3-77 变形

2. 散布

"散布"复合对象能够将选定的原对象通过散布控制，分散、覆盖到目标对象的表面。通过"修改"命令面板可以设置对象分布的数量和状态，并且还可以设置散布对象的动画，如图 3-78 所示。

图 3-78 散布

3. 一致

"一致"复合对象有两种功能，第一种是可以使一个对象表面的顶点投影到另一个对象上，利用这一功能，用户可以使一个对象覆盖于另一个对象；第二种是允许有不同顶点的两个对象相互变形，这在建模中被称为"径向适应"，它能够使一个网格对象的周围收缩以适应于另一个网格对象，如图 3-79 所示。

4. 图形合并

"图形合并"复合对象能够将一个二维图形投影到三维对象表面，从而产生相交或相减的效果。该工具常用于对象表面的镂空文字或花纹的制作，如图 3-80 所示。

5. 水滴网格

水滴网格复合对象可以通过几何体或粒子创建一组球体，还可以将球体连接起来，就好像这些球体是由柔软的液态物质构成的一样。如果球体在离另外一个球体的一定范围内移动，它们就会连接在一起。如果这些球体相互移开，将会重新显示球体的形状，如图 3-81 所示。

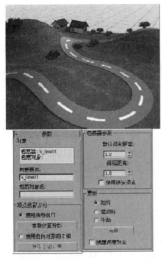

图 3-79　一致

图 3-80　图形合并

3.3.2　ProBoolean 运算

ProBoolean（超级布尔）运算是指通过交集、并集、差集等几种类型的运算将两个相互交叉的对象进行融合、相减、叠加等操作，从而得到一个新对象。超级布尔运算的使用非常广泛，可以很方便地制作出诸如对象上的镂空文字或对象表面的凹槽等效果，如图 3-82 所示。

图 3-81　水滴网格

图 3-82　ProBoolean

案例【3-5】ProBoolean（超级布尔）运算　　　视频文件：视频\第 3 章\3-5.mp4

下面通过一个简单的实例来介绍超级布尔运算的使用方法。

STEP 01 在视图中，单击"创建"→"几何体"→"标准基本体"面板中的"长方体"按钮，在场景中创建一个长方体，并在"参数"卷展栏中修改其参数，如图3-83 所示。

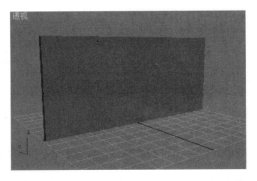

图 3-83　创建长方体

STEP 02 切换视图到左视图,单击"创建"→"图形"→"样条线"面板中的"线"工具按钮,在场景中绘制出一个图形,如图 3-84 所示。

图 3-84 绘制图形

STEP 03 选择绘制出来的图形,切换至"修改"命令面板,在"修改器列表"中选择"挤出"修改器,为图形添加一个挤出修改器,并在其参数栏中设置数量为20,如图 3-85 所示。

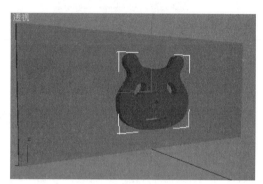

图 3-85 添加"挤出"修改器

STEP 04 在"创建"命令面板中单击"几何体"的下拉列表,然后选择"复合对象"类型,将面板切换到"复合对象"面板,如图 3-86 所示。

图 3-86 "复合对象"面板

STEP 05 选择场景中的长方体,单击"ProBoolean"命令按钮,保持其参数为默认参数,单击"开始拾取"按钮,拾取场景中的图形对象,如图 3-87 所示。

图 3-87 差集

STEP 06 ProBoolean 命令中还有几种其他的运算方式，读者可以自行进行运算，如图 3-88 所示。

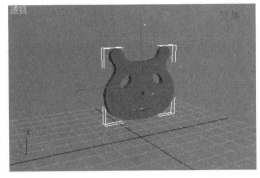

图 3-88　并集和交集

3.3.3 放样

"放样"工具可以沿着样条线挤出二维图形，从两个或多个现有样条线对象中创建放样对象，其中一条样条线作为路径，其余样条线作为放样对象的横截面图形，也可以为任意数量的横截面图形创建作图形对象路径，该路径可以成为一个框架，用于保留形成对象的横截面。如果在路径上只指定一个图形，3ds Max 会假设在路径的每个端点有一个相同的图形，然后在图形之间生成曲面，如图 3-89 所示。

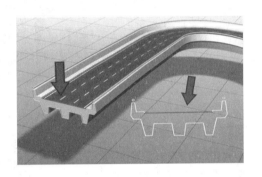

图 3-89　放样

3ds Max 对于创建放样对象的方式限制很少，可以创建三维曲线路径，甚至三维横截面。使用"获取图形"时，在无效图形上移动光标时，该图形无效的原因将显示在提示行中。与复合对象不同的是，一旦单击复合对象按钮就会从选中对象中创建它们，而放样对象在单击"获取图形"或"获取路径"后才会创建放样对象。

▶ 案例【3-6】放样　　　　　　　　　　　　　　🎬 视频文件：视频\第 3 章\3-6.mp4

下面通过一个简单的实例来演示放样命令的使用方法。

STEP 01 打开本书附带资源"第 3 章\changjing\放样.max"文件，选择"直线"图形再单击"创建"→"几何体"→"复合对象"→"放样"按钮，进入放样编辑状态，如图 3-90 所示。

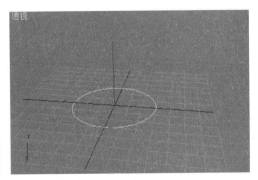

图 3-90　单击放样

STEP 02 单击"创建方法"卷展栏中的"获取图形"按钮,在视图中拾取外圆环,这时圆环会沿着直线放样出其形状的三维物体,如图3-91所示。

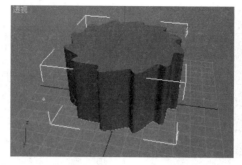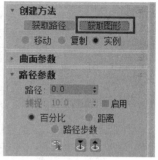

图 3-91 获取图形

STEP 03 在路径参数卷展栏中设置"路径"为100,单击"获取图形"按钮,拾取场景中的内圆环,如图3-92所示。

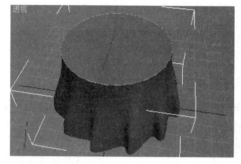

图 3-92 再次获取图形

STEP 04 选择放样出来的对象,切换面板至"修改"命令面板,展开"变形"卷展栏,单击"缩放"命令按钮,对其中的曲线进行调整,如图3-93所示。

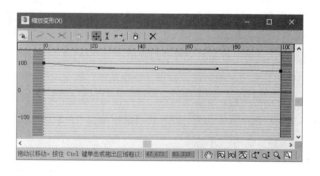

图 3-93 缩放变形

STEP 05 单击"扭曲"按钮,打开"扭曲变形"对话框,对其中的曲线进行调整,如图3-94所示。

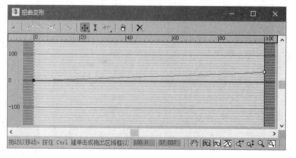

图 3-94 扭曲变形

STEP 06 最后设置参数栏中的"蒙皮参数",在"蒙皮参数"卷展栏中设置相关参数,使模型效果更好,如图3-95所示。

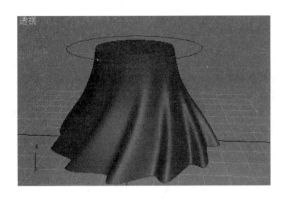

图 3-95　蒙皮参数

▶ 案例【3-7】　窗帘　　　　　　　　　　　　　视频文件：视频\第 3 章\3-7.mp4

窗帘范例主要是介绍通过标准基本体、复合对象和放样功能来创建模型，学习本范例能使读者对复合对象方式建模有所了解。

STEP 01　单击"创建"→
"几何体"→"标准基本体"
→"长方体"按钮，然后在
视图中建立两个长方体并
调整其位置，在"标准几何
体"面板中单击"平面"按
钮并在场景中创建一个地
面，如图 3-96 所示。

图 3-96　创建长方体

STEP 02　选择比较大的墙
体模型，执行"创建"→"几
何体"→"复合对象"中的
"ProBoolean"命令，单击
"开始拾取"拾取另一个墙
体模型，如图 3-97 所示。

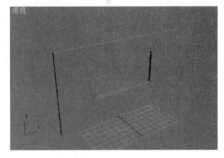

图 3-97　执行"ProBoolean"（超级布尔）命令

STEP 03　创建一个长方
体，并使用"变换工具"和
"捕捉开关"工具将其放于
窗框中，同样执行相应的操
作，把复制出来的另一个长
方体放置好，完成窗框的制
作，如图 3-98 所示。

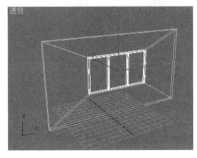

图 3-98　创建窗框

STEP 04 切换至前视图，单击"创建"→"标准几何体"面板中的"长方体"按钮，设置长、宽、高分别为6、130、5，创建窗帘附件，通过"缩放"和"移动"操作并结合"复合对象"中的"ProBoolean"命令，制作其附件，如图3-99所示。

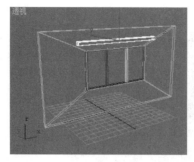
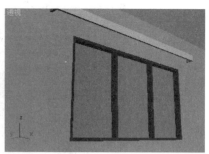

图 3-99 创建窗帘附件

STEP 05 分别切换视图到顶视图和前视图，单击"创建"→"图形"→"样条线"面板中的"线"工具按钮，在视图中分别绘制一条波浪线和一条直线，如图3-100所示。

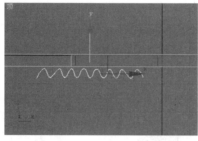
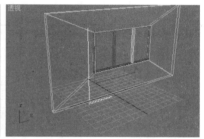

图 3-100 创建样条线

STEP 06 在视图中选择波纹图形，单击"创建"→"几何体"→"复合对象"中"放样"按钮，通过"获取路径"拾取垂直的路径线，并在"蒙皮参数"卷展栏中设置"路径步数"值为16，添加更多的模型段数和细节，如图3-101所示。

图 3-101 放样对象

STEP 07 选择放样出来的对象，在"修改"命令面板中展开"Loft"对象，选择"图形"子对象，再加选波浪图形，在展开的"图形命令"卷展栏中设置"对齐"方式为"左"对齐，如图3-102所示。

图 3-102 设置图形对齐方式

STEP 08 选择放样出来的对象，在"变形"卷展栏中单击"缩放"按钮，在打开的对话框中单击"插入角

点"按钮，在曲线上添加点，选择曲线上的角点并单击鼠标右键，从弹出的菜单中选择"Bezier-角点"，调
节窗帘模型的侧向造型，如图 3-103 所示。

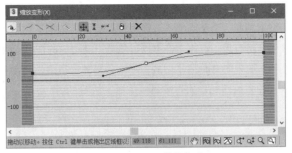

图 3-103　缩放变形

STEP 09　选择制作好的窗帘，使用主工具栏上的"镜像"命令，复制出一个窗帘模型放到窗框的右侧，如
图 3-104 所示。

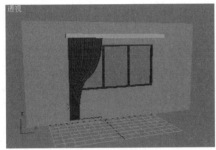

图 3-104　镜像窗帘

STEP 10　选择镜像出来的窗帘模型，在"修改"面板的"选择变形"卷展栏中单击"缩放"按钮，使用"缩
放变形"工具调节点的位置，使左右两侧的窗帘模型略有差别，如图 3-105 所示。

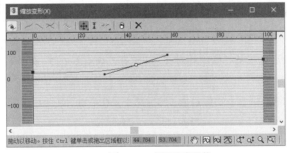

图 3-105　调整窗帘形状

STEP 11　至此整个窗帘模型已经制作完成，为其赋予简单材质，最终效果如图 3-106 所示。

图 3-106　窗帘模型

3.4　多边形建模

可编辑多边形是一种可变形对象，也是一个多边形网格。与可编辑网格不同的是可以使用超过三面的多边形进行建模。可编辑多边形非常有用，因为它们可以避免看不到边缘的情况。例如，如果对可编辑多边形执行切割和切片操作，程序并不会沿着任何看不到的边缘插入额外的顶点，而且还可以将 NURBS 曲面、可编辑网格、样条线、基本体和面片曲面转换为可编辑多边形，如图 3-107 所示。

3.4.1　转换为多边形对象

当物体对象被创建出来时，它并不是多边形对象，所以我们需要通过转换的方法将其塌陷为多边形对象。转换多边形的方法有 3 种，下面我们来介绍一下。

第 1 种：在物体上单击鼠标右键，然后在弹出的菜单中选择"转化为"→"转换为可编辑多边形"命令，即可将对象转化成多边形对象，如图 3-108 所示。

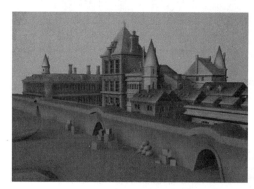

图 3-107　多边形建模

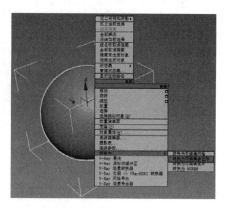

图 3-108　转换为多边形对象

第 2 种：在"修改"命令面板的"修改器列表"中选择"编辑多边形"修改器，就可以对其进行多边形编辑了，如图 3-109 所示。

第 3 种：在"修改器堆栈"中选中物体对象，然后单击鼠标右键，在弹出的菜单中选择"可编辑多边形"命令，如图 3-110 所示。

图 3-109　添加修改器

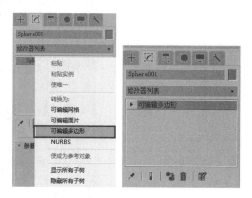

图 3-110　可编辑多边形

3.4.2　编辑多边形对象

当物体转换成可编辑多边形对象后，可以观察到可编辑多边形对象有 5 种子对象，包括顶点、边、边界、多边形和元素，如图 3-111 所示。下面分别对各子对象的常用命令进行简单的介绍。

1. 顶点

顶点是空间中的点，它们定义组成多边形对象的其他子对象（边和多边形）的结构，图 3-112 所示为顶点子对象的相关参数。

图 3-111　可编辑多边形子对象　　　　　图 3-112　顶点子对象参数

- 移除：删除选中的顶点，并接合起使用它们的多边形，如图 3-113 所示。

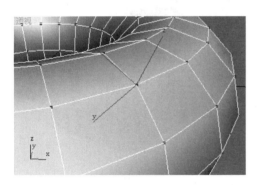

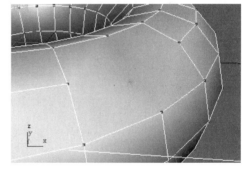

图 3-113　移除

- 焊接：对焊接指定的公差范围之内选中的顶点进行合并。如果几何体区域有很多非常接近的顶点，那么它最适合用焊接来进行自动简化，如图 3-114 所示。

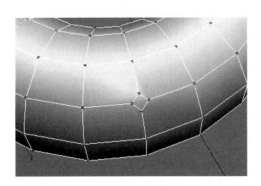

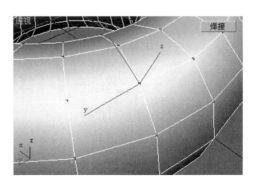

图 3-114　焊接

- 切角：单击此按钮，然后在活动对象中拖动顶点即可把选中的顶点切分。如果切角了正方体的一个角，那么外角顶点就会被三角面替换，三角面的顶点处在连向原来外角的三条边上。外侧面被重新整理和分割，使用这三个新顶点在角上创建出一个新三角形，如图 3-115 所示。

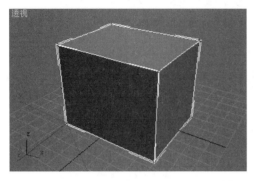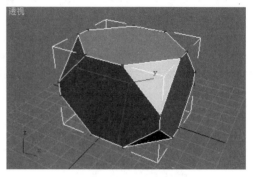

图 3-115　切角

2. 边

边是连接两个顶点的直线，它可以形成多边形的边，图 3-116 所示为边子对象的相关参数。

- 挤出：单击此按钮，然后垂直拖动任何边，以便将选择对象挤出。挤出边时，该边界将会沿着法线方向移动，然后创建形成挤出面的新多边形，从而将该边与对象相连，如图 3-117 所示。

图 3-116　边子对象参数　　　　　　　　　图 3-117　挤出

- 桥：使用多边形的"桥"连接对象的边。桥只连接边界边，也就是只在一侧有多边形的边。
- 连接：使用当前的"连接边缘"对话框中的设置，在每对选定边之间创建新边。连接对于创建或细化边循环特别有用，如图 3-118 所示。

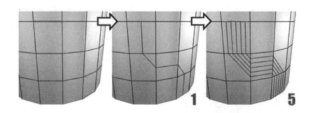

图 3-118　连接

- 利用所选内容创建图形：选择一个或多个边后，单击该按钮，以便通过选定的边创建样条线形状。此时，将会显示"创建样条线"对话框，用于命名形状，并将其设置为"平滑"或"线性"，如图 3-119 所示。

3. 边界

边界是网格的线性部分，通常可以描述为孔洞的边缘，图 3-120 所示为边界子对象的相关参数。

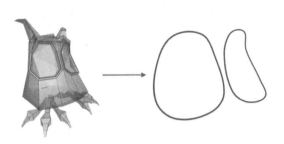

图 3-119 利用所选内容创建图形   图 3-120 边界子对象参数

- 封口：使用单个多边形封住整个边界环。使用的方法很简单，只要选择该边界，然后单击"封口"命令即可，如图 3-121 所示。

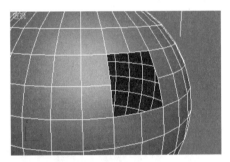

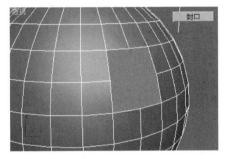

图 3-121 封口

4. 多边形和元素

多边形是通过曲面连接的三条或多条边的封闭序列。多边形提供了可渲染的可编辑多边形对象曲面，元素是相邻多边形组，图 3-122 所示为多边形和元素子对象的相关参数

- 轮廓：用于增加或减小每组连续的选定多边形的外边，执行挤出或倒角操作后，通常可以使用"轮廓"调整挤出面的大小，它不会缩放多边形，只会更改外边的大小，如图 3-123 所示。

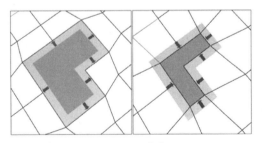

图 3-122 多边形和元素子对象的相关参数   图 3-123 轮廓

- 倒角：可以通过直接在视口中执行手动倒角操作，也可以单击此按钮，然后垂直拖动任何多边形，以便将其挤出，释放鼠标，然后垂直移动鼠标光标，以便设置挤出轮廓，如图 3-124 所示。
- 插入：执行没有高度的倒角操作，即可在选定多边形的平面内执行该操作。单击此按钮，然后垂直拖动任意多边形，以便将其插入，如图 3-125 所示。

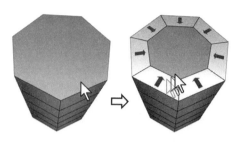

图 3-124　倒角　　　　　　　　　　　　　　　图 3-125　插入

■ 从边旋转：通过在视口中直接执行手动旋转操作。选择多边形，并单击该按钮，然后沿着垂直方向拖动任何边，以便旋转选定多边形，如图 3-126 所示。

■ 沿样条线挤出：使选择的面沿样条线的方向挤出，如图 3-127 所示。

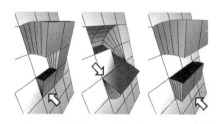

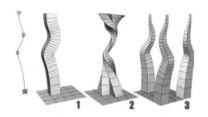

图 3-126　从边旋转　　　　　　　　　　　　图 3-127　沿样条线挤出

▶ 案例【3-8】 沙发　　　　　　　　　　　　🎬 视频文件：视频\第 3 章\3-8.mp4

本实例以沙发为例，介绍多边形编辑建模方法和修改器的使用。

STEP 01 在命令面板中，单击"创建"→"几何体"→"扩展基本体"面板中的"切角长方体"工具按钮，在场景中创建一个长方体，如图 3-128 所示。

图 3-128　创建切角长方体

STEP 02 选择创建出来的长方体，在"修改"命令面板中对各项参数进行调整，如图 3-129 所示。

图 3-129　修改参数

STEP 03 然后在"修改器列表"的下拉菜单中，选择"FFD4×4×4"修改器，为切角长方体添加一个修改器，如图 3-130 所示。

图 3-130　添加修改器

STEP 04 在"修改器堆栈"中，选择"FFD4×4×4"修改器，并切换至"控制点"子对象，在视图中选择其控制点，对长方体的形状进行调节，如图 3-131 所示。

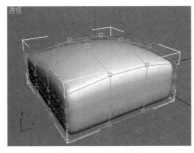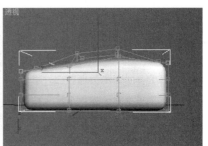

图 3-131　调节对象形状

STEP 05 切换视图至前视图，按住 Shift 键，使用移动工具向右拖动鼠标，复制出 2 个对象，其位置摆放如图 3-132 所示。

图 3-132　复制对象

STEP 06 切换视图至顶视图，单击"创建"→"几何体"→"标准基本体"面板中的"长方体"工具按钮，在视图中创建出一个长方体，切换面板至"修改"命令面板对各项参数进行修改，如图 3-133 所示。

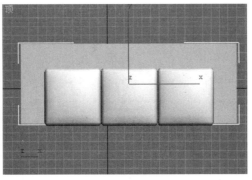

图 3-133　创建长方体

STEP 07 在长方体对象上单击鼠标右键，并在弹出的菜单中选择"转换为"→"转换为可编辑多边形"命令，然后按数字键4，切换至多边形子对象。再在"编辑多边形"卷展栏中单击"挤出"右侧的方框按钮■，在弹出"挤出设置"对话框设置参数，如图3-134所示。

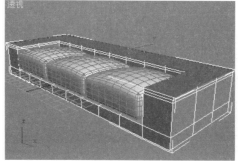

图 3-134 挤出多边形

STEP 08 按数字键2，进入多边形的"边"子对象层级，在视图中选择各菱角边，再单击"挤出"右侧的方框按钮■，在弹出的对话框中设置参数，单击"确定"按钮执行操作，如图3-135所示。

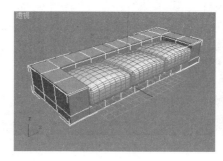

图 3-135 挤出边

STEP 09 按数字键5，切换到"元素"子对象层级，选择所有元素，在"编辑几何体"卷展栏中单击"快速切片"按钮，为场景中的模型添加线段，如图3-136所示。

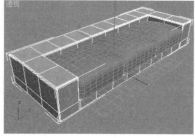
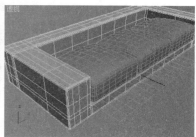

图 3-136 添加线段

STEP 10 在命令面板中，单击"创建"→"几何体"→"扩展基本体"面板中的"切角长方体"工具按钮，创建一个切角长方体，在"修改"命令面板中对各项参数进行调整，如图3-137所示。

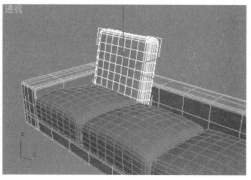

图 3-137 创建切角长方体

STEP 11 在"修改"命令面板的"修改器列表"的下拉列表中,选择"FFD4×4×4"修改器,为切角长方体添加一个修改器,并切换至"控制点"子对象,调整切角长方体的形状,如图3-138 所示。

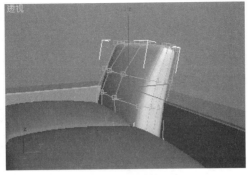

图 3-138 修改切角长方体

STEP 12 切换视图至前视图,按住 Shift 键拖动鼠标复制出 2 个对象,其位置摆放如图 3-139 所示。

图 3-139 复制对象

STEP 13 切换视图至侧视图,单击"创建"→"几何体"→"扩展基本体"面板中的"C-Ext"工具按钮,在视图中创建出一个沙发腿,如图 3-140 所示。

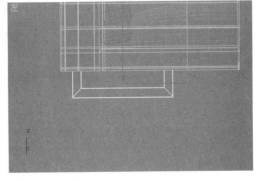

图 3-140 创建 C-Ext

STEP 14 选择 C-Ext 对象,切换至"修改"命令面板,然后在"参数"卷展栏中修改参数,如图 3-141 所示。

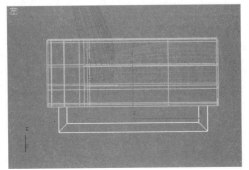

图 3-141 修改 C-Ext 参数

STEP 15 在命令面板中，单击"创建"→"几何体"→"扩展基本体"面板中的"切角长方体"工具按钮，创建一个长方体，在"修改"命令面板中对各项参数进行修改，如图 3-142 所示。

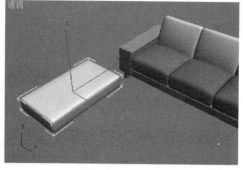

图 3-142 创建切角长方体

STEP 16 再次单击"切角长方体"工具按钮，在场景中创建一个长方体，并在"修改"命令面板中对各项参数进行修改，如图 3-143 所示。

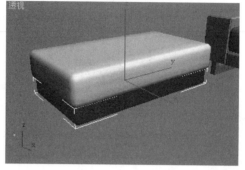

图 3-143 创建沙发座

STEP 17 依照同样的方法，创建或者复制出其他的对象，如图 3-144 所示。

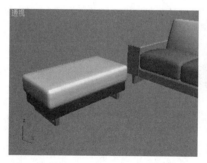

图 3-144 创建和复制对象

STEP 18 在前视图中，单击"扩展基本体"面板中的"C-Ext"工具按钮，创建出一个茶几模型，然后切换至"修改"命令面板对各项参数进行修改，如图 3-145 所示。

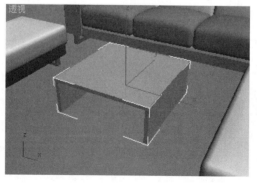

图 3-145 创建茶几

STEP 19 依照同样的方法，在茶几的模型下方再创建一个小茶几，并使用移动工具调整其位置，如图 3-146 所示。

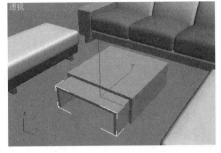

图 3-146　创建对象

STEP 20 至此整个沙发模型已经创建完毕，最后为其赋予简单的材质，最终效果如图 3-147 所示。

图 3-147　沙发模型效果

案例【3-9】　吊灯

视频文件：视频\第 3 章\3-9.mp4

本实例通过一个吊灯模型制作，对前面所讲解的基本建模的知识点做简单的复习。

STEP 01 单击"创建"→"几何体"→"标准基本体"面板中的"长方体"工具按钮，在视图中创建一个长方体，并切换至"修改"命令面板，对其中的参数进行修改，如图 3-148 所示。

图 3-148　创建长方体

STEP 02 将长方体对象转换为可编辑多边形，然后按数字键 4，切换到"多边形"子对象层级。选择长方体底部的面，单击"编辑多边形"卷展栏"倒角"命令右侧的方框按钮，设置"高度"为 0，"轮廓量"为 -10，再单击"应用"按钮，设置"高度"为 4，"轮廓量"为 0，如图 3-149 所示。

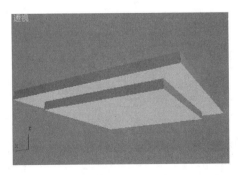

图 3-149　倒角多边形

STEP 03　单击"创建"→
"几何体"→"标准基本体"
面板中的"长方体"工具按
钮，在视图中创建一个长方
体，并切换至"修改"命令
面板，对其中的参数进行修
改，如图 3-150 所示。

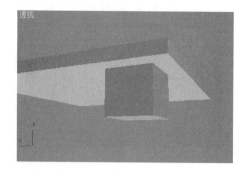

图 3-150　创建灯罩模型

STEP 04　将灯罩模型对象
转换为可编辑多边形，然后
按数字键 4，切换到"多边
形"子对象，并选择长方体
底部的面，单击"编辑多边
形"卷展栏"倒角"命令右
侧的方框按钮□，设置挤出
的"高度"和"轮廓量"，
如图 3-151 所示。

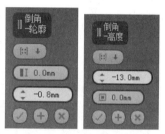

图 3-151　倒角多边形

STEP 05　切换至顶视图，
单击"创建"→"几何体"
→"标准基本体"面板中的
"圆柱体"工具按钮，在视
图中创建一个圆柱体，并在
"修改"面板中对其参数进
行调整，如图 3-152 所示。

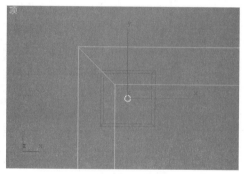
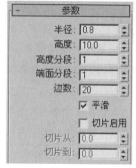

图 3-152　创建圆柱体

STEP 06　保持圆柱体为选
中状态，单击主工具栏上的
"对齐"工具，然后选择灯
罩模型，在弹出的对话框中
对"当前对象"和"目标对
象"的对齐方式进行设置，
如图 3-153 所示。

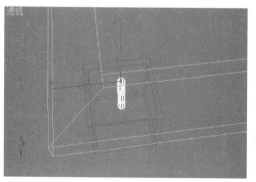

图 3-153　对齐方式

STEP 07 在顶视图中，单击"创建"→"几何体"→"标准基本体"面板中的"球体"工具按钮，创建一个球体并使用对齐工具将其对齐到圆柱体上，如图3-154所示。

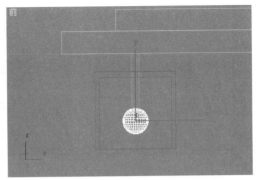

图 3-154 创建灯泡模型

STEP 08 在视图中，选择灯泡和灯罩模型，按住 Shift键拖动复制出 2 个对象，再用同样的方法复制出其他 5 个对象，如图 3-155 所示。

图 3-155 复制对象

STEP 09 切换至前视图，单击"创建"→"图形"→"样条线"面板中的"线"工具按钮，在视图中绘制一条轮廓线，如图 3-156 所示。

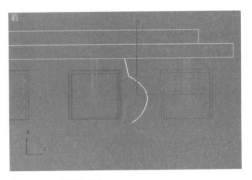

图 3-156 绘制轮廓线

STEP 10 切换至"修改"命令面板，在"修改器列表"中添加"车削"修改器，然后对其参数栏中的"方向"和"对齐"以及"车削"子对象的轴向位置进行调整，如图 3-157 所示。

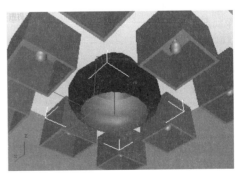

图 3-157 添加车削修改器

STEP **11** 然后在"修改器列表"中添加"壳"和"网格平滑"修改器，并对相应的参数进行调节，如图 3-158 所示。选择前述制作出来的灯泡模型，按住 Shift键拖动复制出一个对象，并使用移动工具调整其位置。

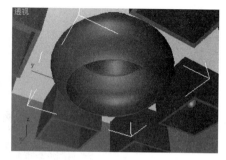

图 3-158　添加修改器

STEP **12** 保持对象为选中状态，切换至"层次"面板，单击"仅影响轴"命令按钮，再单击主工具栏上的"对齐"工具按钮，拾取创建出来的圆形灯罩模型，将坐标对齐到灯罩模型的中心位置处，如图 3-159 所示。

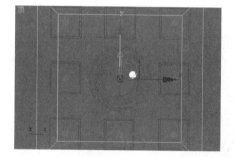

图 3-159　调整轴向

STEP **13** 在菜单栏中单击"工具"项，打开"阵列"对话框并对其参数进行设置，如图 3-160 所示。

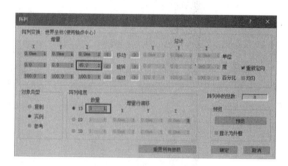

图 3-160　阵列

STEP **14** 至此整个吊灯模型已经创建完毕了，然后为其赋予简单的材质，最终效果如图 3-161 所示。

图 3-161　吊灯模型效果

▶ 案例【3-10】　客厅框架　　　　　　　　　　视频文件：视频\第 3 章\3-10.mp4

　　一般客厅的空间为长方体，结构简单，可以直接使用长方体工具进行多边形编辑创建，这样既节省时间也可以使模型结构保持简洁、规范。

1．创建客厅框架

STEP 01　启动 3ds Max 2020，执行"自定义"→"单位设置"命令，设置"系统单位比例"和"显示单位"为"毫米"，如图 3-162 所示。

图 3-162　设置系统单位

STEP 02　进入"几何体创建"面板，单击"长方体"工具按钮，在"透视图"中创建一个长为3940mm、宽为4450mm、高为2400mm 的长方体物体对象，如图 3-163 所示。

图 3-163　创建长方体

STEP 03　选择长方体对象，单击鼠标右键，执行"转换为"→"转换为可编辑多边形"命令，将长方体转化为可编辑多边形物体，如图 3-164 所示。

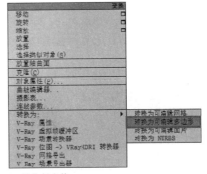

图 3-164　转化长方体

STEP 04　按数字键 5，切换至"元素"子对象层级，单击"编辑元素"卷展栏中的"翻转"按钮，将法线反转，使长方体物体法线向内，并重命名长方体为"框架"，如图 3-165 所示。

STEP 05　在物体对象上单击鼠标右键，在菜单中选择"对象属性"，并在弹出的对话框中勾选"背面消隐"复选框，如图 3-166 所示。

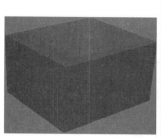

图 3-165 翻转法线

图 3-166 对象属性

STEP 06 按数字键 4 进入多边形子对象层级，选择长方体对象的顶面，单击"编辑几何体"卷展栏"分离"命令按钮，将选择的顶面进行分离，并将其命名为"顶面"，如图 3-167 所示。

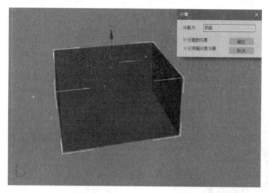

图 3-167 分离顶面

STEP 07 使用同样的方法，依次将客厅的四个墙面分离出来，并命名为"正墙"（推拉门所在墙体）、"左墙"（电视背景墙）和"右墙"（沙发背景墙），以方便选择和指定材质。

2. 创建吊顶

STEP 01 选择分离的"顶面"对象，执行"孤立选择"命令，或按 Atl+Q 组合键，进入孤立模式。按下数字键 2 进入"边"修改层级，选择两条长边，如图 3-168 所示。

STEP 02 单击"编辑边"卷展栏"连接"按钮右侧方框按钮■，在弹出的对话框中设置"线段"为 1，创建一条连接边，如图 3-169 所示。

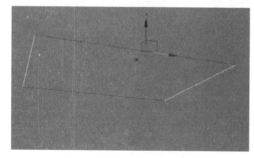
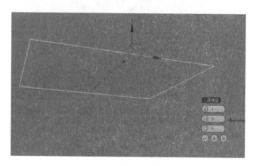

图 3-168 孤立选择对象　　　　　图 3-169 连接

STEP 03　按下主工具栏 2.5 按钮，开启 2.5 维捕捉。右击该按钮，在打开的对话框中勾选"顶点"复选框，打开顶点捕捉，如图 3-170 所示。

图 3-170　开启捕捉

STEP 04　选择创建的连接线，按下空格键锁定选择，使用顶点捕捉，将其与右侧的线段对齐，如图 3-171 所示。

STEP 05　在主工具栏中右击"移动"工具按钮 ✛，打开"移动变换输入"对话框，在"偏移"选项组 X 轴向框输入"–200"，按下回车键，线段将在 X 轴负方向移动 200 的距离，如图 3-172 所示。

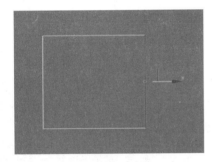

图 3-171　移动位置

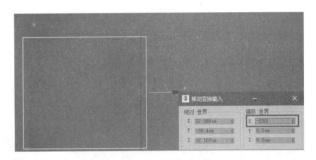

图 3-172　移动线段

STEP 06　按数字键 4 进入"多边形"子对象层级，选取右端的多边形，单击"挤出"右侧的方框按钮 ▢，打开"挤出多边形"对话框，设置"挤出高度"为–150，单击"确定"按钮关闭对话框，生成窗帘盒凹槽，如图 3-173 所示。

STEP 07　按数字键 2，返回"边"子对象层级，按 Ctrl 键连续单击选择两条边线，如图 3-174 所示。

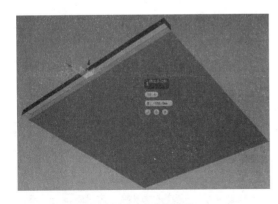

图 3-173　挤出多边形

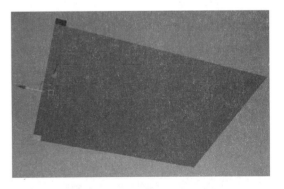

图 3-174　选择边

STEP 08　单击"连接"右侧的方框按钮 ▢，设置"线段"数为 2，创建两条连接边，然后使用前面介绍的创建窗帘盒的方法，结合捕捉和数值移动变换功能调整边线位置，如图 3-175 所示。

STEP 09 选择以上步骤中创建的两条边线，单击"连接"右侧的方框按钮■，继续创建两条连接边，并使用捕捉和移动数值变换功能调整连接边的位置，如图 3-176 所示。

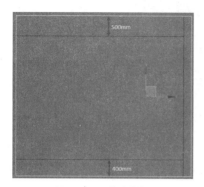
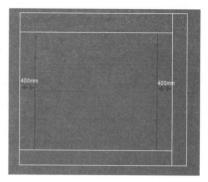

图 3-175　调整边线位置　　　　　图 3-176　调整连接边

STEP 10 按数字 4 键，进入"多边形"子对象层级，单击选择中间由线段分离出来的多边形。然后单击"挤出"右侧的方框按钮■，在弹出的对话框中依次设置"挤出"值为-60、-20、-120 和-80，如图 3-177 所示。

STEP 11 使用选择工具，选取高度为 120 的一圈多边形。单击"挤出"右侧的方框按钮■，按"局部法线"方向挤出-200，得到外凸的层级吊顶，如图 3-178 所示。

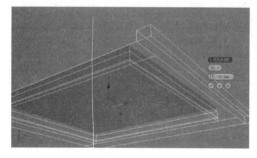

图 3-177　设置挤出值　　　　　图 3-178　挤出多边形

STEP 12 选中吊顶顶面多边形，单击"插入"右侧的方框按钮■，将其向内插入 200mm，生成一个新的多边形面，单击"确定"按钮执行操作，如图 3-179 所示。

STEP 13 保持该多边形为选中状态，单击"挤出"右侧的方框按钮■，将插入的面向外挤出-30mm，生成吊顶的第五级，如图 3-180 所示。

图 3-179　插入　　　　　图 3-180　挤出多边形

STEP 14 执行"创建"→"标准几何体"→"圆柱体"命令，在顶视图中创建一个半径和高度都为 60 的圆柱体，再到前视图中调整圆柱体的高度，如图 3-181 所示。

STEP 15　选择"移动"工具 ✥，在顶视图中按住 Shift 键拖动复制出其他几个对象，如图 3-182 所示。

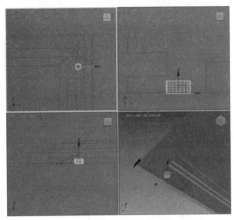

图 3-181　创建圆柱体

图 3-182　复制对象

STEP 16　选择"顶面"对象，在创建面板物体类型列表中选择"复合对象"，单击"超级布尔"按钮，在"参数"卷展栏中确认当前为"差集"运算模式，单击"开始拾取"按钮，分别单击拾取创建出来的圆柱体，得到灯槽的效果，如图 3-183 所示。

3．创建推拉门

STEP 01　退出孤立模式并选择场景中的"正墙"，再次按下 Alt+Q 组合键，进入孤立编辑模式。按快捷键 L，切换至左视图。再按数字键 2，进入"边"子对象层级，选择上、下两条边线，单击"连接"右侧的方框按钮 ▢，设置"线段"数为 2，"收缩"为 70，如图 3-184 所示。

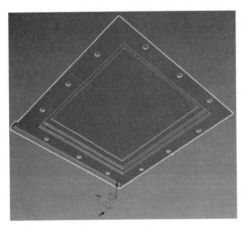

图 3-183　创建灯槽

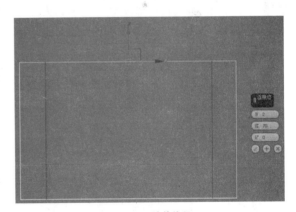

图 3-184　连接线段 1

STEP 02　选择生成的两条垂直连接边，再次单击"连接"右侧的方框按钮 ▢，设置"线段"数为 2，如图 3-185 所示。

STEP 03　右击主工具栏"移动"工具按钮 ✥，打开"移动变换输入"对话框，选择上端的水平连接边，在"偏移：世界"选项组 Z 框中输入 600，将边向上移动 600 的距离。选择下端水平连接边，在 Z 框中输入-780，向下移动 780 的距离，如图 3-186 所示。

图 3-185　连接线段 2

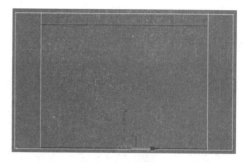

图 3-186　移动线段

STEP 04 按数字键 4，进入"多边形"子对象层级。选取 4 条连接边围合而成的多边形面，单击"挤出"右侧的方框按钮，向外挤出 200 的距离，再按 Delete 键删除挤出多边形，得到推拉门门洞如图 3-187 所示。

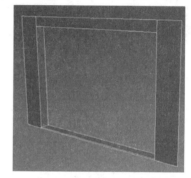

图 3-187　制作门洞

STEP 05 按下主工具栏按钮，开启 2.5 维捕捉。按 Ctrl 键单击鼠标右键，在弹出的快捷菜单中单击"矩形"，在左视图中捕捉门洞的 4 个顶点，绘制出一个矩形线框，如图 3-188 所示。

STEP 06 选择矩形，添加"修改"→"修改器列表"→"编辑样条线"修改器，按数字键 3 进入"样条线"层级，在"几何体"卷展栏"轮廓"框中输入 70 并按回车键，偏移一条内环线，如图 3-189 所示。

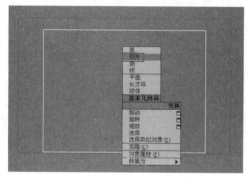

图 3-188　创建矩形线框

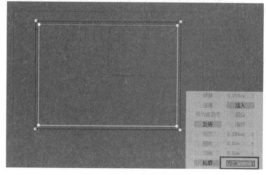

图 3-189　偏移矩形

STEP 07 按数字键 2 进入"线段"层级，按 Ctrl 键同时选择内矩形上、下两条线段，在"拆分"框中输入 3，并单击"拆分"按钮，如图 3-190 所示。

STEP 08 按下主工具栏按钮，开启三维捕捉，单击"创建线"按钮，捕捉等分点绘制三条线段，按数字键 3 进入"样条线"层级，选择创建的 3 条线段，勾选"中心"复选框，在轮廓框中输入 40，以线段为中心，向两侧偏移，如图 3-191 所示。

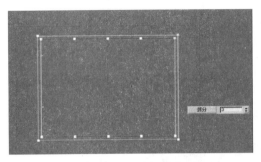

图 3-190 拆分线段

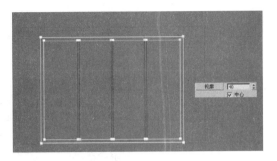

图 3-191 添加轮廓

STEP 09 添加"修改"→"修改器列表"→"挤出"修改器,设置"数量"为-120,得到门框的造型,如图 3-192 所示。

STEP 10 依照同样的方法创建出玻璃框来,分别设置"轮廓量"和"挤出数量"为40,如图 3-193 所示。

图 3-192 添加"挤出"修改器

图 3-193 创建玻璃框

4. 创建电视背景墙

STEP 01 按快捷键 F 切换至前视图,创建一个长方体物体对象,并在"修改"命令面板中调节其参数,如图 3-194 所示。

STEP 02 右击并在弹出的菜单中,执行"转换为"→"转换为可编辑多边形"命令,将长方形转化为可编辑多边形。按数字键 1 进入"顶点"子对象层级,并对顶点的位置进行调整,如图 3-195 所示。

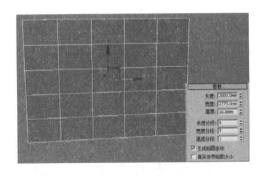

图 3-194 创建长方体

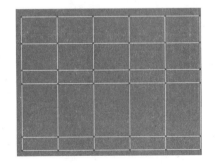

图 3-195 调节顶点位置

STEP 03 按数字键 2,进入"线段"子对象层级,选择线段进行删除。删除线段后,再选择相应的边单击"桥"按钮,使线段之间进行封闭,如图 3-196 所示。

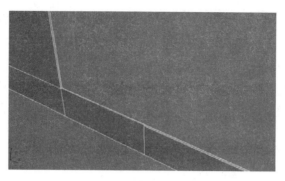

图 3-196　编辑线段

STEP 04　接下来制作电视背景墙的勾缝效果。选取对象前侧面的内部线段，再单击"挤出"右侧的方框按钮 ■，在打开的"挤出边"对话框中设置参数，单击"确定"按钮执行操作，如图 3-197 所示。

STEP 05　退出孤立模式，使用移动工具调整各对象，至此整个框架创建完成，如图 3-198 所示。

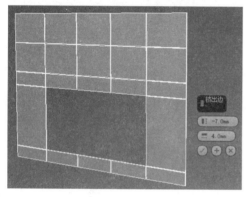

图 3-197　挤出边

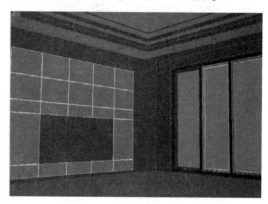

图 3-198　客厅框架

5. 合并模型

STEP 01　执行"文件"→"合并"命令，打开"合并文件"对话框，选择合并对象所在的场景文件，选择资源中提供的"模型"文件，单击"打开"按钮，如图 3-199 所示。

STEP 02　模型合并到场景后，使用移动工具和其他变换操作工具来调整其位置，如图 3-200 所示。

图 3-199　合并对象

图 3-200　调整模型

图 3-201　客厅最终效果图

STEP 03　至此整个模型已经完成，然后为其赋予一些简单的材质，最终效果如图 3-201 所示。

专家提醒

在合并对象时，首先需要选择合并的对象，才能将该模型合并到场景中，否则合并模型将不会出现在场景中。

第 4 章

材质基础

材质是模型质感和效果是否完美的关键所在。在真实世界中，正是由于石块、模板、玻璃等物体表面的纹理、透明性、反光性能等各不相同，才能在人们眼中呈现出丰富多彩的、不同质感的物体。因此，只有模型是不够的，还需为模型赋予材质，模型才会变得更加逼真，室内效果图看上去才更加真实可信。本章将对材质的编辑基础以及一般常用的材质类型的编辑和使用方法进行介绍。

4.1　材质编辑器

"材质编辑器"是专门为用户编辑和修改材质而特设的编辑工具，场景中所需的一切材质都将在这里编辑生成，并通过编辑器将材质指定给场景中的对象。编辑好材质后，用户可以随时返回到材质编辑器中，对所编辑的材质进行修改。修改效果将同时反映在材质编辑器的样本槽和场景中的对象上。

在 3ds Max 2020 中提供了两种材质编辑器模式，即精简材质编辑器和 Slate 材质编辑器。

精简材质编辑器：它是一个经过简化的材质编辑界面，它同 Slate 材质编辑器相比，更为方便简洁，如图 4-1 所示。

Slate 材质编辑器：这是新置入的完整的材质编辑界面，在设计和编辑材质时使用节点和关联的方式显示材质结构的图形，如图 4-2 所示。

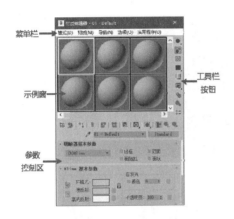

图 4-1　精简材质编辑器

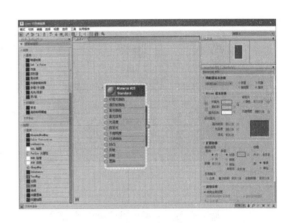

图 4-2　Slate 材质编辑器

专家提醒

"Slate 材质编辑器"的完整性为材质设计带来很大的帮助，但一般在工作中要求快捷、方便，所以不太常用到该编辑器，因此本书将以"精简材质编辑器"为例来进行讲解。

4.1.1　材质示例窗

示例窗是用来显示材质效果的窗口，通过它可以观察出材质的基本属性，如纹理和凹凸等，如图 4-3 所示。

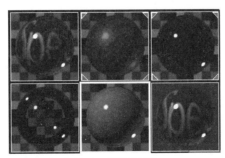

图 4-3　材质示例窗

示例窗是显示材质的预览效果的，在默认情况下，一次可以显示 6 个示例窗，材质编辑器实际上一次可存储 24 种材质。可以使用滚动条在示例窗之间移动，或者可以将一次显示的示例窗数量更改为 24 个。如果处理的是复杂场景，一次查看多个示例窗能提高工作效率。使用示例窗可以预览材质和贴图，每个窗口可以预览一个材质或贴图。

在材质编辑器中可以更改材质，还可以把材质应用于场景中的对象，要做到这点，最简单的方法是将材质从示例窗拖动到视图中的对象上，如图 4-4 所示。

在示例窗中，当前正在编辑的材质被称为激活材质，如果要对材质进行编辑，首先要在示例窗上单击将它激活，激活的示例窗周围将出现白色方框。如果要将材质赋予场景对象，可以先选择对象，然后在"材质编辑器"面板的工具按钮栏中单击"将材质指定给选定对象"按钮 ，该方法同样可以更改和赋予对象材质效果，如图 4-5 所示。

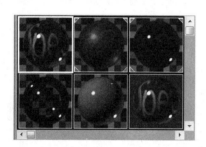

图 4-4　材质赋予

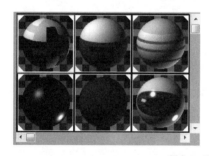

图 4-5　赋予对象材质

当右键单击活动示例窗时，会弹出一个菜单，此菜单可以对示例窗以及鼠标在示例窗中的作用进行设置，如图 4-6 所示。

图 4-6　右键菜单

对于其他示例窗，要先单击或右键单击一次选中它们，然后再右键单击，才能使用弹出式菜单。

4.1.2 材质参数

1. 材质的基本参数

材质的基本属性包括"漫反射""高光反射""自发光""不透明度"等参数，以及明暗器的选择。不同的明暗器包含的基本参数也不同，在材质编辑器中的"基本参数"卷展栏可以进行设置，如图4-7所示。

漫反射：用于控制物体反射的颜色，单击"漫反射"右侧的颜色色块，就可以在弹出的"颜色选择器"对话框中设置材质的基本颜色，如图4-8所示。

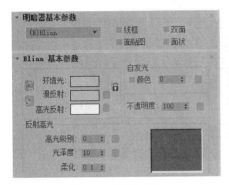

图 4-7　材质基本参数

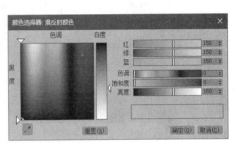

图 4-8　颜色选择器

"高光级别"和"光泽度"两个参数可以根据物体对象的属性来进行设置。"不透明度"用于对透明的物体进行设置。

2. 材质的扩展参数

"扩展参数"卷展栏对于"标准"材质的所有着色类型来说都是相同的。它含有与透明度和反射相关的控件，还有"线框"模式的选项，如图4-9所示。

■ 过滤：主要用来控制如何应用不透明度。过滤或透射颜色是能够通过透明或半透明材质（如玻璃）透射的颜色。将过滤颜色与体积照明一起使用，以创建像彩色灯光穿过脏玻璃窗口这样的效果。透明对象投射的光线跟踪阴影将使用过滤颜色进行染色，如图4-10所示。

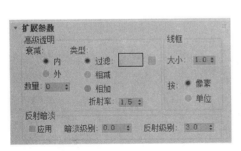

图 4-9　扩展参数

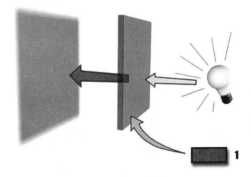

图 4-10　过滤

■ 折射率：设置折射贴图和光线跟踪所使用的折射率（IOR）。IOR用来控制材质对透射灯光的折射程度。常见的折射率如图4-11所示。

材质	IOR 值
真空	1.0（精确）
空气	1.0003
水	1.333
玻璃	1.5（清晰的玻璃）到 1.7
钻石	2.418

图 4-11　折射率

■　"反射暗淡"选项组：主要用来控制阴影中的反射贴图，使其显得暗淡，如图 4-12 所示。

图 4-12　反射暗淡

3．明暗器基本参数

3ds Max 提供了"各向异性""金属""Blinn""Phong"等 8 种明暗器类型，用户可以在"明暗器基本参数"卷展栏下选择明暗器的类型。

默认状态下，材质的明暗器类型为 Blinn，前面介绍材质基本属性时，所做的参数调整都是在此明暗器下进行的。下面将介绍其他明暗器各自的特点。

❑　各向异性明暗器

"各向异性"明暗器常用于制作磨砂金属或头发的效果，可创建拉伸并成角的高光，而不是标准的圆形高光，如图 4-13 所示。

❑　金属明暗器

"金属"明暗器适合用来制作金属材质效果，其基本参数卷展栏中只包含了"高光级别"和"光泽度"两个参数，如图 4-14 所示。

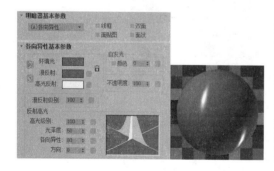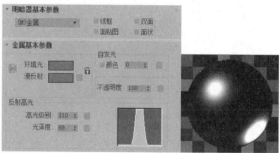

图 4-13　各向异性明暗器　　　　　　　　　　图 4-14　金属明暗器

❑　多层明暗器

"多层"明暗器具有两个高光选项组，可以使材质表面产生两个不相同的高光效果，并且可以设置高光的颜色、大小和方向等参数，如图 4-15 所示。

图 4-15　多层明暗器

❑　Oren-Nayar-Blinn 明暗器

"Oren-Nayar-Blinn"明暗器比较适合用来表现毛巾、布料等表面比较粗糙的材质。其基本参数和 Blinn 明暗器相同，只有增加了一个"高级漫反射"选项组，用来控制材质表面的粗糙度。

❑　Phong 明暗器

"Phong"明暗器和"Blinn"明暗器的参数卷展栏完全相同，只是"Phong"明暗器适用于具有高强度的圆形高光表面，它的高光效果要比"Blinn"明暗器更强烈一些。

❑　Strauss 明暗器

"Strauss"明暗器适用于金属和非金属表面，它的参数卷展栏比较简单，只包含 4 个参数选项，如图 4-16 所示。

❑　半透明明暗器

"半透明"明暗器和"Blinn"明暗器的参数类似，只增加了一个"半透明"选项组，可以设置透明的过滤颜色和不透明度，如图 4-17 所示。

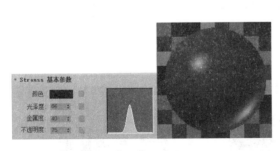

图 4-16　Strauss 明暗器　　　　　　　　图 4-17　半透明明暗器

4.1.3　贴图通道

在"贴图"卷展栏中可以为各个参数通道指定多种类型的贴图，单击右侧的长方形按钮可以打开"材质/贴图浏览器"对话框，如图 4-18 所示。

图 4-18　贴图通道

4.2　材质类型

材质将使场景更加具有真实感，并体现了对象如何反射或透射灯光，也可以将材质指定给单独的对象或者选择集，单独场景也能够包含很多不同的材质。

4.2.1　多维/子对象材质

"多维/子对象"材质可以将多个材质组合成为一个复合型材质，并将其指定给一个拥有不同 ID 子对象层级的复杂物体，如图 4-19 所示。

图 4-19　"多维/子对象"材质

▶ 案例【4-1】　多维/子对象材质　　　　　　　视频文件：视频\第 4 章\4-1.mp4

下面通过一个简单的实例来演示其使用方法。

STEP 01　打开配套资源提供的"第 4 章\多维子对象材质.max"文件，在该场景中有一个显示器的模型，如图 4-20 所示。

图 4-20　材质效果

STEP 02 按快捷键 M 打开"材质编辑器"面板，单击"Standard"按钮 Standard ，在打开的"材质/贴图浏览器"对话框中选择"多维/子对象"材质类型，如图 4-21 所示。

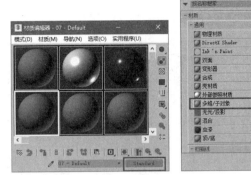

图 4-21 选择"多维/子对象"材质类型

STEP 03 在"多维/子对象基本参数"卷展栏中，单击"设置数量"按钮，设置"材质数量"为 3，如图 4-22 所示。

图 4-22 设置材质数量

STEP 04 单击"ID1"材质右侧的长方形按钮，切换到该材质类型的参数设置面板，对各项参数进行设置，如图 4-23 所示。

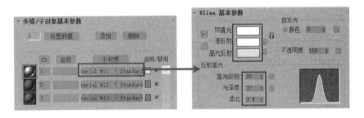

图 4-23 设置材质参数

STEP 05 依照同样的方法，设置"ID2"材质，如图 4-24 所示。

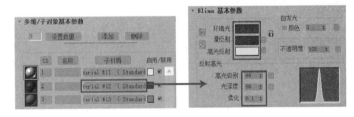

图 4-24 调节 ID2 材质

STEP 06 进入"ID3"材质参数面板，在"漫反射颜色"通道中加载一张贴图，如图 4-25 所示。

图 4-25 调节 ID3 材质

STEP 07　选择显示器模型，切换至"修改"命令面板，按数字键 5 切换至"元素"子对象，选择"显示器屏幕"元素，展开参数栏中的"曲面属性"卷展栏，在"材质"选项组中修改"设置 ID"为 3，如图 4-26 所示。

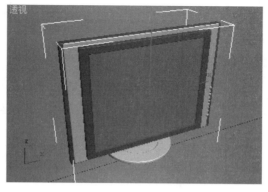

图 4-26　设置显示器屏幕材质 ID

STEP 08　同样选择另外一个对象，修改其"设置 ID"数为 2，如图 4-27 所示。

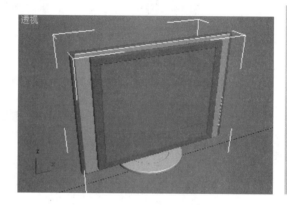

图 4-27　设置其他材质 ID

STEP 09　至此整个材质的 ID 已经设置完毕，选择创建好的"多维/子对象"材质，单击"将材质指定给选定对象"按钮 ，赋予对象材质，最终效果如图 4-28 所示。

图 4-28　"多维/子对象"材质效果

4.2.2　混合材质

　　在实际制作过程中，比较复杂的材质效果往往很难通过单独的一种材质类型表现，这时可以利用"混合"材质，它可以将两种材质混合得到一个新的材质，如图 4-29 所示。

图 4-29　"混合"材质

视频文件：视频\第 4 章\4-2.mp4

案例【4-2】 混合材质

下面通过一个简单的实例来演示其使用方法。

STEP 01 打开配套资源提供的"第 4 章\混合材质.max"文件，按快捷键 M 打开"材质编辑器"面板，单击"Standard"按钮 Standard，在"材质/贴图浏览器"对话框中，双击"混合"材质类型，如图 4-30 所示。

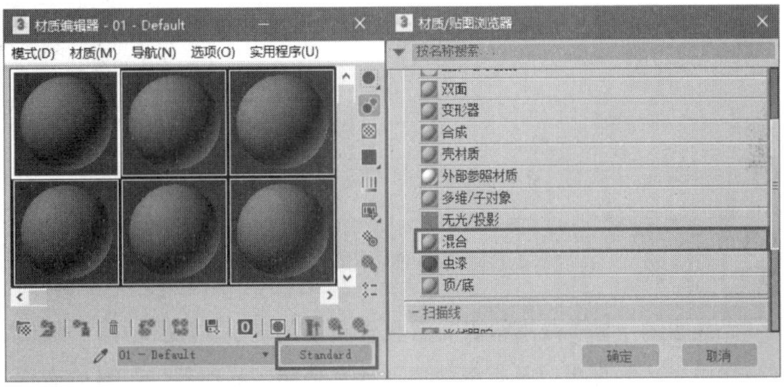

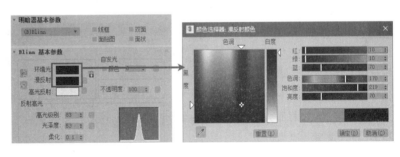

图 4-30　切换材质类型

STEP 02 单击"材质 1"右侧的长方形按钮，切换至该材质的编辑面板，然后对材质的参数进行设置，如图 4-31 所示。

图 4-31　调整材质 1 的参数

STEP 03 单击"材质 2"右侧的长方形按钮，切换至该材质的编辑面板，然后对材质的参数进行设置，如图 4-32 所示。

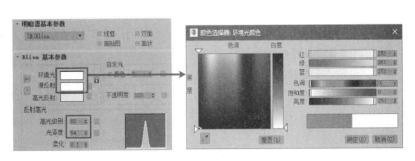

图 4-32　调整材质 2 的参数

STEP 04 单击"遮罩"右侧的长方形按钮,在弹出的"材质/贴图浏览器"中选择"位图"方式,为其赋予一张位图贴图,如图 4-33 所示。

图 4-33 添加贴图

STEP 05 至此混合材质就设置完成了,选择场景中的对象为其赋予材质,最终效果如图 4-34 所示。

图 4-34 "混合"材质效果

4.2.3 光线跟踪材质

"光线跟踪"材质是高级表面着色材质,它与标准材质一样,也支持漫反射表面着色,同时能够真实地表现环境中光线的反射以及折射效果。通常使用"光线跟踪"材质表现真实的玻璃以及金属效果。

▶ 案例【4-3】 光线跟踪材质

视频文件:视频\第 4 章\4-3.mp4

STEP 01 打开本书附带配套资源"第 4 章\光线跟踪材质.max"文件,选择"材质编辑器"面板中的一个材质球,更改材质类型为"光线跟踪"类型,如图 4-35 所示。

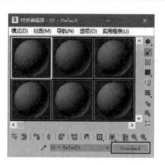

图 4-35 切换"光线跟踪"材质类型

STEP 02 分别调整"漫反射"和"反射"的色块颜色,并设置"高光级别"为 156,"光泽度"为 40,如图 4-36 所示。

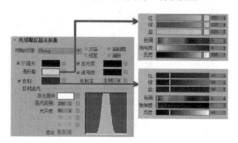

图 4-36 调节参数

STEP 03 把材质赋予场景中的对象，然后单击主工具栏上的"渲染产品"按钮 ，最终效果如图 4-37 所示。

图 4-37 "光线跟踪"材质效果

专家提醒

由于"光线跟踪"材质需要追踪场景中光线的反射和折射情况，所以会增加渲染时间。

4.2.4 建筑材质

建筑材质的设置是物理属性，因此当与光度学灯光和光能传递一起使用时，它能够提供最逼真的效果。借助这种功能组合，用户可以创建出精确性很高的照明场景，如图 4-38 所示。

图 4-38 建筑材质

其使用方法很简单，只要单击"材质编辑器"面板中的"Standard"按钮 Standard ，在弹出的"材质/贴图浏览器"对话框中选择"建筑"，然后在"模板"卷展栏中的下拉列表中选择相应的模板即可，如图 4-39 所示。

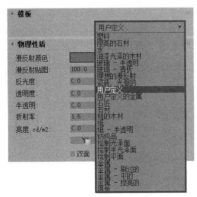

图 4-39 选择建筑材质模板

4.2.5 高级照明覆盖材质

"高级照明覆盖"材质作为挤出材质的补充，可以直接控制一种材质的光能传递属性，该材质对标准渲染没有影响，它只影响光能传递计算。高级照明覆盖材质主要有以下两个用途：

第一，调整在光能传递解决方案或光线跟踪中使用的材质属性。通常，默认设置下的材质都具有很强的反射能力，最好的解决方法是减少材质颜色的 HSV 值，对于贴图材质，需要降低其 RGB 级别。在某些情况下，使用高级照明覆盖材质可以很好地改善传递求解效果，如图 4-40 所示。

第二，产生特殊的效果，例如让自发光对象在光能传递解决方案中起作用。自发光材质使物体在传统渲染时产生发光的效果，但并不能用于照明场景，如图 4-41 所示。

图 4-40 调节光能传递　　　　　　　　　图 4-41 自发光效果

4.3 室内效果图常用材质制作

在效果图制作过程中会需要很多的材质，如果每一种材质都从头开始创建会非常浪费时间，而且效果还不稳定。掌握大多数常用材质的制作方法，尽快建立属于自己的材质库，是提高工作效率的捷径。本章以室内效果图常用的乳胶漆、木纹、金属、毛巾、不锈钢、玻璃等材质为例，介绍常用材质的制作方法。

4.3.1 乳胶漆材质

乳胶漆墙面的特点是表面光滑，但不具备反光效果，如图 4-42 所示。

图 4-42 乳胶漆墙面效果

下面来讲解乳胶漆材质的制作方法。

STEP 01 按快捷键 M 打开 "材质编辑器"面板，选择一个空白材质球，单击"Standard"按钮 Standard ，打开"材质/贴图浏览器"对话框，选择"建筑"材质类型，进入建筑材质设置面板，如图 4-43 所示。

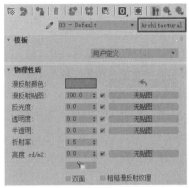

图 4-43　建筑材质类型

STEP 02 展开"模板"卷展栏中的下拉列表，选择"理想的漫反射"材质模板，然后单击"漫反射颜色"色块，对材质的颜色进行设置，如图 4-44 所示。至此该材质已经调节完成，只要选择相应的物体对象即可赋予该材质。

图 4-44　调节材质参数

4.3.2　木纹材质

本实例通过对场景中柜体的材质进行调节，详细讲述木纹材质的调制方法。

案例【4-4】 木纹材质　　　　视频文件：视频\第 4 章\4-4.mp4

STEP 01 打开配套资源提供的"第 4 章\木纹材质.max"文件，按快捷键 M 打开"材质编辑器"面板，选择一个空白材质球，单击"Standard"按钮 Standard ，打开"材质/贴图浏览器"对话框，选择"建筑"材质类型，进入建筑材质设置面板，如图 4-45 所示。

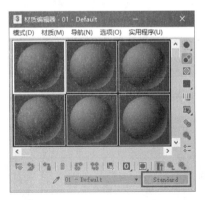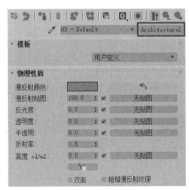

图 4-45　建筑材质类型

STEP 02 在"模板"卷展栏中下拉列表中，选择"油漆光泽的木材"材质模板，并对相关参数进行设置，如图4-46所示。

图4-46 切换材质模板

STEP 03 在"物理性质"卷展栏中，单击"漫反射贴图"右侧的长方形按钮，在弹出的"材质/贴图浏览器"对话框中选择"位图"贴图，如图4-47所示。

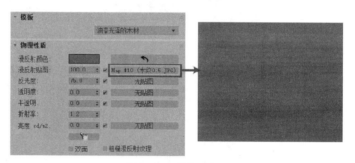

图4-47 加载位图贴图

STEP 04 单击"转到父对象"按钮，返回上一级，选择场景中的对象，单击"将材质指定给选定对象"赋予其材质按钮，如图4-48所示。

图4-48 木地板材质效果

4.3.3 磨砂金属材质

本实例将介绍利用标准材质"各向异性"来制作磨砂金属的方法。

▶ 案例【4-5】磨砂金属材质   视频文件：视频\第4章\4-5.mp4

下面通过一个简单的实例来演示其使用方法。

STEP 01 打开配套资源提供的"第4章\磨砂金属材质.max"文件，该场景中有一个鸽子模型，按快捷键M打开"材质编辑器"面板，选择一个空白材质球，如图4-49所示。

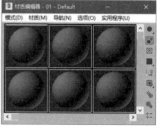

图4-49 打开文件

STEP 02 在"明暗器基本参数"卷展栏中选择材质的明暗器类型为"各向异性",单击"漫反射"右侧的色块,在弹出的"颜色选择器"中设置漫反射颜色,在"高光反射"选项组中设置其参数,如图4-50所示。

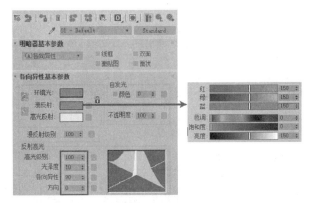

图 4-50 设置材质参数

STEP 03 展开"贴图"卷展栏,单击"凹凸"右侧的长方形按钮,在弹出的"材质/贴图浏览器"中选择贴图类型为"位图",然后选择配套资源中提供的文件,并对其坐标参数进行设置,如图4-51所示。

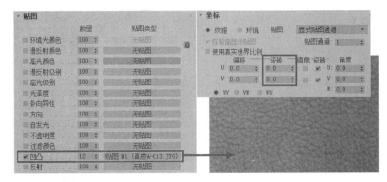

图 4-51 添加凹凸贴图

STEP 04 单击"转到父对象"按钮,返回上一层,在"贴图"卷展栏中设置"凹凸"值为12,并单击"反射"右侧的长方形按钮,在弹出的"材质/贴图浏览器"对话框中选择"反射/折射",双击添加该贴图,如图4-52所示。

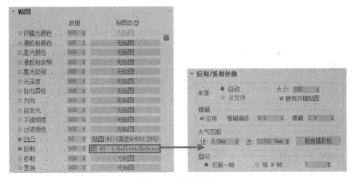

图 4-52 设置贴图

STEP 05 选择场景中的对象,单击"将材质赋予选定对象"按钮,赋予其材质,如图4-53所示。

图 4-53 磨砂金属材质效果

4.3.4 毛巾材质

毛巾的表面有非常强烈的凹凸效果，本实例通过在"置换"贴图通道中添加一张贴图使毛巾的表面产生凹凸质感的效果。下面通过一个简单的实例来演示其使用方法。

▶ 案例【4-6】毛巾材质　　　　　　　　　　　　　　　视频文件：视频\第 4 章\4-6.mp4

STEP 01 打开配套资源提供的"第 4 章\毛巾材质.max"文件，该场景中包含了一组毛巾模型，按快捷键 M 打开"材质编辑器"面板，如图 4-54 所示。

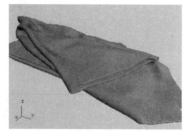

图 4-54　打开文件

STEP 02 展开"贴图"卷展栏，单击"漫反射颜色"右侧的长方形按钮，在弹出的"材质/贴图浏览器"中选择"位图"，为其赋予一张配套资源中提供的图像文件，如图 4-55 所示。

图 4-55　赋予位图贴图

STEP 03 展开"贴图"卷展栏，设置"置换"数量为 7，单击其右侧的长方形按钮，在弹出的"材质/贴图浏览器"中选择"位图"，为其赋予一张配套资源中提供的图像文件，如图 4-56 所示。

图 4-56　添加置换贴图

STEP 04 在材质的示例框中选择一个空白材质球，展开"贴图"卷展栏，单击"漫反射颜色"右侧的长方形按钮，在弹出的"材质/贴图浏览器"中选择"位图"，为其赋予一张配套资源中提供的图像文件，如图 4-57 所示。

图 4-57　再次赋予位图贴图

STEP 05 展开"贴图"卷展栏，设置"置换"的数量为7，单击其右侧的长方形按钮，在弹出的"材质/贴图浏览器"中选择"位图"，为其赋予一张配套资源中提供的图像文件，如图 4-58 所示。

图 4-58　再次添加置换贴图

STEP 06 至此整个毛巾模型的材质已经设置完成，选择场景中的相应对象，单击"将材质指定给选定对象"按钮，赋予该材质，如图 4-59 所示。

图 4-59　毛巾材质效果

4.3.5　拉丝不锈钢材质

拉丝不锈钢材质的特点是金属表面有拉丝纹理，但其反射能力比其他不锈钢的反射能力弱。不锈钢表面的拉丝纹理效果可以使用拉丝贴图进行模拟，然后降低"光线跟踪"反射贴图的"数量"值即可创建出拉丝不锈钢材质。下面通过一个简单的实例来演示其使用方法。

▶ 案例【4-7】拉丝不锈钢材质　　　　　视频文件：视频\第 4 章\4-7.mp4

STEP 01 打开配套资源提供的"第 4 章\拉丝不锈钢材质.max"文件，该场景中有两个杯子模型，按快捷键 M 打开"材质编辑器"面板，选择一个空白材质球，在"Blinn 基本参数"卷展栏中调节其参数，如图 4-60 所示。

图 4-60　调节"Blinn 基本参数"

STEP 02 展开"贴图"卷展栏，为"漫反射颜色"和"凹凸"两个通道分别赋予一张位图贴图，并对图像进行裁剪，如图 4-61 所示。

图 4-61　赋予位图贴图

111

STEP 03　单击"转到父对象"按钮 🔧 返回上一层，然后单击"反射"右侧的长方形按钮，在弹出的"材质/贴图浏览器"中选择"光线跟踪"材质类型，如图 4-62 所示。

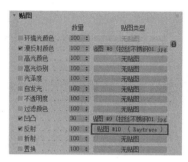

图 4-62　加载"光线跟踪"贴图

STEP 04　展开"光线跟踪器参数"卷展栏，在"背景"选项组中单击长方形按钮，为其添加一张"位图"贴图，并赋予配套资源中提供的文件，然后在位图的"参数"卷展栏中对其中的参数进行调节，如图 4-63 所示。

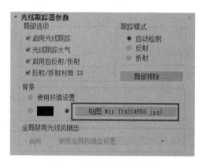

图 4-63　光线跟踪器参数

STEP 05　至此拉丝不锈钢的材质制作完成。选择场景中的对象，将材质指定给选定的物体对象，最终效果如图 4-64 所示。

图 4-64　拉丝不锈钢效果

4.3.6　玻璃材质

在室内效果表现过程中，玻璃材质的使用频率较高，通常玻璃都具备以下特性：透明、折射、反射等。

▶ 案例【4-8】　玻璃材质　　　　　　　　　　　📁 视频文件：视频\第 4 章\4-8.mp4

STEP 01　打开配套资源提供的"第 4 章\玻璃材质.max"文件，该场景中有两个物体对象，按快捷键 M 打开"材质编辑器"面板，选择一个空白材质球，在"Blinn 基本参数"卷展栏中调节其参数，如图 4-65 所示。

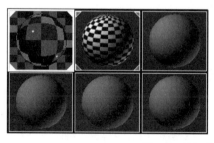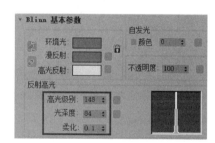

图 4-65　设置"Blinn 基本参数"

STEP 02 展开"贴图"卷展栏，分别为"反射"和"折射"两个通道栏添加一个"光线跟踪"贴图，并对其"数量"进行调节，如图 4-66 所示。

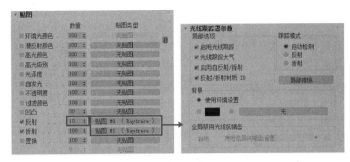

图 4-66 添加贴图

STEP 03 至此整个玻璃材质已经设置完成了，然后在场景中创建一个平面，并赋予"材质编辑器"面板中调节好的材质球，选择场景中的两个物体对象，单击"将材质指定给选定对象"按钮，赋予其材质，如图 4-67 所示。

图 4-67 玻璃材质效果

第 5 章

灯光和摄影机基础

当模型及材质都完成后，就需要为场景进行布光。灯光是三维场景制作过程中不可缺少的部分，是三维设计的灵魂，主要用来使材质在模型表面得到真实的表现，一个场景如果少了灯光的陪衬就会没有生机。将场景中所有元素都制作完成后，需要将场景输出为一张图片，为确定图片构图，需要创建摄影机。

5.1　灯光的分类

3ds Max 灯光分为标准灯光和光度学灯光两种类型，可以在命令面板的"灯光"类别下进行选择。标准灯光是 3ds Max 集成的传统的光源，而光度学灯光是新型光源，主要用于配合"光能传递"渲染方式对场景进行真实光照的模拟。

5.1.1　标准灯光

标准灯光是基于计算机模拟的灯光对象，如家用或办公室灯光，舞台表演或拍电影时的灯光以及太阳光。用户可以利用不同方式投射不同种类的灯光，模拟真实世界不同种类的光源，如图 5-1 所示。

图 5-1　标准灯光效果

在"创建"命令面板 ➕ 中单击"灯光"按钮 💡，将切换到"灯光创建"面板，在下拉列表中选择"标准"灯光类型，如图 5-2 所示。

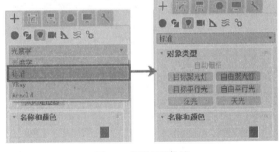

图 5-2　标准灯光类型

> **专家提醒**
>
> 如果用户没有在场景中设置灯光，系统会提供一个默认的照明设置，如果用户在场景中创建了灯光，默认的照明将自动关闭。默认照明包含两个不可见的灯光光源，一个位于场景的左上方，而另一个位于场景的右下方。另外，当场景中的所有灯光被删除后，系统默认的照明设置将自动开启。

❑　聚光灯

聚光灯包括目标聚光灯和自由聚光灯两种类型。单击"目标聚光灯"按钮，在视口中单击即可创建一个目标聚光灯，观察到目标聚光灯外形呈锥形，投射类似闪光灯一样的聚焦光束，就像剧院中或栀灯下的聚光区。自由聚光灯和目标聚光灯属性相同，只是它没有可以移动和旋转的目标点来使灯光指向某个特定的方向，如图 5-3 所示。

❑　平行光

平行光分为目标平行光和自由平行光两种类型，如图 5-4 所示。单击"目标平行光"按钮，在视口中创建一盏目标平行光，其外形呈圆柱形，主要模拟太阳光投射在地球表面上时以一个方向投射的所有平行光线。

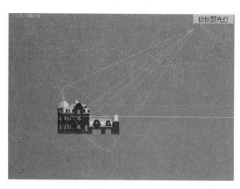

图 5-3　聚光灯类型

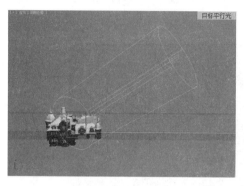

图 5-4　平行光类型

❑　泛光灯和天光

泛光灯类似室内的灯泡，从单个光源向各个方向投射光线，泛光灯常用于辅助照明或模拟点光源而被添加到场景中。天光用来模拟环境光，一般与光跟踪器配合使用，表现真实的室外环境效果，如图 5-5 所示。

图 5-5　泛光灯和天光

5.1.2　光度学灯光

"光度学"灯光通过设置灯光的光度学值来模拟真实世界中的灯光效果。用户可以为灯光指定各种各样的分布方式和颜色特性，还可以导入灯光制造商提供的特定光度学文件，制作出特殊的光照效果。

进入"创建"主命令面板下的"灯光"面板后，默认显示的灯光类型为"光度学"灯光，该面板中包含了 3 种光度学灯光，即"目标灯光""自由灯光"和"太阳定位器"，如图 5-6 所示。

专家提醒

单击 "目标灯光" 按钮，初次创建光度学灯光时，会弹出一个对话框，其主要作用就是提示用户是否选择 "对数曝光控制" 类型。如果单击 "确定" 按钮，在 "环境和特效" 对话框中可以看到 "曝光控制" 卷展栏中选择的是 "对数曝光控制" 类型，如图 5-7 所示。

图 5-6　光度学灯光类型

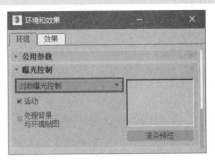

图 5-7　曝光控制

在场景中创建 "目标灯光"，它像标准泛光灯一样从几何体发射光线。自由灯光同目标灯光属性基本相同，但自由灯光没有目标点，如图 5-8 所示。

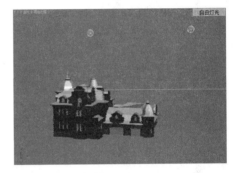

图 5-8　目标灯光和自由灯光

5.2　标准灯光属性

在调整场景灯光之前，首先应了解灯光的属性参数，及其对场景照明产生哪些影响，并且要了解它们之间的相互关系，以便能够灵活地控制这些属性，从而得到所需的照明效果。

专家提醒

本节讲解的灯光参数以目标聚光灯为例，其他类型的灯光参数基本类似，读者可以自行根据不同情况进行学习研究。

5.2.1　常规参数

"常规参数" 卷展栏用于启用和禁用灯光，排除或包含场景中的对象，另外它也可以控制灯光的目标对象并将灯光从一种类型更改为另一种类型。

- 灯光类型：在该列表中可以改变当前灯光的类型，有 "泛光灯" "聚光灯" 和 "平行光" 3 种类型可供切换。

- ■ 启用：可以控制灯光的开启或关闭，如果暂时不需要此灯光的照射，可以先将它关闭。
- ■ 目标：可以将灯光切换为目标灯光，投射点与目标点之间的距离显示在右侧，可通过在视图中调节投射点或目标点的位置来改变照射范围；取消勾选"目标"复选框后，灯光将变为自由灯，场景中目标聚光灯的目标点将会消失，通过设置右侧数值框中的参数可以改变照射范围，如图 5-9 所示。

5.2.2 强度/颜色/衰减

在该卷展栏中可以设置灯光最基本的参数，它也是调节灯光时使用最频繁的部分，如图 5-10 所示。

图 5-9　"常规参数"卷展栏

图 5-10　"强度/颜色/衰减"卷展栏

- ■ 倍增：控制灯光的强弱程度，其默认值为 1，该数值越大，灯光光线就越强，反之则越暗。
- ■ 颜色：用来设置灯光的颜色，灯光的颜色也会影响灯光的亮度，灯光颜色越亮，光线就会显得越强，因此当需要降低灯光的强度时，可以将灯光颜色设置为灰色或更暗的颜色，效果如图 5-11 所示。

图 5-11　不同灯光颜色效果

🕐 专家提醒

当"倍增"值为负数时，灯光不仅不会起到照明的作用，还会产生吸收光线的效果，使场景变暗，常用来调整曝光的区域。

- ■ "衰减"选项组：该选项组中包含 2 种衰减方式，近距衰减和远距衰减。它们主要是用于指定灯光的衰减方式。在真实世界中，光线在通过空气或其他介质的过程中会受到干扰而逐渐减弱直至消失，因此离光源近的物体会比离光源远的物体亮，这就是灯光的衰减效果，如图 5-12 所示。

图 5-12 灯光衰减效果

5.2.3 光锥区域

当用户创建了目标聚光灯、自由聚光灯或是以聚光灯方式分布的光度学灯光物体后，就会出现相对应的参数控制卷展栏，用于控制灯光的"聚光区"和"衰减区"光锥区域的范围，如图 5-13 所示。

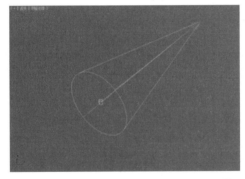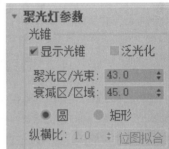

图 5-13 光锥区域

5.2.4 排除/包含

创建 VRay 灯光，在参数面板中展开"选项"卷展栏，单击"排除"按钮，即可打开"排除/包含"对话框。在其中可以指定物体不受灯光的照射影响，包括照明影响和阴影影响，如图 5-14 所示。

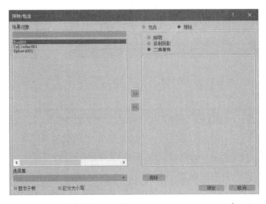

图 5-14 "排除/包含"对话框

对话框的左侧显示的是场景中被所选灯光照射而产生影响的物体对象，而右侧的窗口中显示的则是被排除且不被影响的对象。在对话框中通过单击 `»` 或 `«` 按钮，可以将场景中的物体包含或排除右侧窗口中。对于"照明"和"投射阴影"，可以分别予以排除，如图 5-15 所示。

图 5-15　排除/包含相关作用

5.2.5　阴影

任何一个对象与另一个对象相衔接的部分都会有或多或少的阴影产生，一般场景中的主光源都应打开阴影设置，使画面有明暗的变化，产生立体感和空间感，从而明确对象的体形及其所在的空间位置，如图 5-16 所示。

在"常规参数"卷展栏的"阴影"选项组中勾选"启用"复选框，当前场景中所选的灯光即可产生投影效果。在"阴影类型"列表框中可以选择软件默认提供的五种阴影类型，并且可以在"阴影参数"卷展栏中对阴影的密度及颜色进行设置，如图 5-17 所示。

图 5-16　阴影效果

图 5-17　阴影类型

专家提醒

在效果图的制作过程中，常用的阴影类型有"阴影贴图"和"光线跟踪阴影"两种，其中"阴影贴图"主要用于室内场景，以得到边界柔和阴影效果，渲染速度也最快；"光线跟踪阴影"主要用于室外场景，以获得轮廓清晰和透明玻璃阴影效果。

选择好阴影类型后，"修改"面板会显示出"阴影参数"卷展栏，在该卷展栏中可以对阴影的颜色和密度进行调整。

■ 颜色：单击该颜色色块可以打开"颜色选择器"对话框，在该对话框中可以对灯光投影的阴影颜色进行设置，如图 5-18 所示。

图 5-18 阴影颜色

■ 密度：可以在该数值框中对阴影的密度进行调整，如图 5-19 所示。
■ 灯光影响阴影颜色：勾选该复选框，阴影颜色显示为灯光颜色和阴影固有色的混合效果，如图 5-20 所示。

图 5-19 阴影密度

图 5-20 灯光影响阴影颜色

1. 阴影贴图

如果选择"阴影贴图"类型，"修改"面板会显示出相应的"阴影贴图参数"卷展栏，可以对阴影的偏移和质量进行设置。

■ 偏移：用于设置阴影和投影对象的位置关系，该值越大，阴影越向投影反方向偏移，效果如图 5-21 所示。
■ 大小：此设置用于计算灯光阴影贴图的大小，该值越大，对贴图的描述就越细致，阴影边缘就越清晰；若该值过小，阴影边缘就会出现锯齿，效果如图 5-22 所示。

图 5-21 阴影偏移效果

图 5-22 阴影质量大小效果

- 采样范围：采样范围影响柔和阴影边缘的程度，取值范围为 0.01~50，值越大，边缘越模糊，同时渲染的时间也越长。可以通过增大"采样范围"值来混合阴影边缘并创建平滑的效果，隐藏贴图的粒度，效果如图 5-23 所示。
- 双面：勾选该复选框，计算阴影时背面将不被忽略，从内部看到的对象不由外部的灯光照亮；若取消勾选，则忽略背面，这样可使外部灯光照亮室内对象，效果如图 5-24 所示。

图 5-23　采样范围效果

图 5-24　双面显示效果

2. 光线跟踪阴影

光线跟踪阴影是通过跟踪从光源进行采样的光线路径生成的。光线跟踪阴影比阴影贴图处理的阴影更精确，始终能够产生清晰的边界。此类阴影能使透明和半透明对象看起来更逼真，效果如图 5-25 所示。

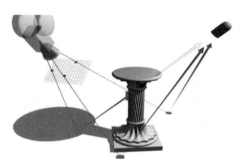

图 5-25　光线跟踪阴影效果

5.3　光度学灯光属性

"光度学"灯光通过设置灯光的光度学值来模拟真实世界中的灯光效果。用户可以为灯光指定各种各样的分布方式和颜色特性，还可以导入特定光度学文件，制作出特殊的光照效果。

目标灯光具有投射点和目标点，用户可分别调整投射点和目标点的位置来设置灯光投射到对象上的方向。该灯光提供了多种分布方式，而且还可为灯光指定生成阴影的灯光图形，从而改变对象阴影的投射方式。

 专家提醒

本节讲解的灯光参数以目标灯光为例，其他类型的灯光参数基本类似，读者可以自行根据不同情况进行学习研究。

5.3.1　模板

通过"模板"卷展栏，可以在各种预设的灯光类型中进行选择，如图 5-26 所示。

图 5-26 "光度学"灯光模板

5.3.2 常规参数

在"常规参数"卷展栏中可以启用和禁用灯光，排除或包含场景中的对象，还可以设置灯光分布的类型。"常规参数"卷展栏也可用于对灯光启用或禁用投影阴影，并且选择灯光使用的阴影类型，如图 5-27 所示。

- 启用：控制是否开启灯光。
- 目标：勾选该复选框后，灯光才会有目标点；若取消勾选，目标灯光将会变成自由灯光。
- 阴影：用于设置场景使用的阴影，其中包括"高级光线跟踪""阴影贴图"和"VRayShadow"等7 种类型。

图 5-27 "常规参数"卷展栏

5.3.3 强度/颜色/衰减

通过"强度/颜色/衰减"卷展栏，可以设置灯光的颜色和强度，还可以设置衰减，如图 5-28 所示。

图 5-28 "强度/颜色/衰减"卷展栏

- 过滤颜色：使用颜色过滤器来模拟置于灯光上的过滤色效果。
- 结果强度：用于测量灯光的最大发光强度。100W 通用灯泡的发光强度约为 139cd。
- 暗淡百分比：勾选该复选框，该值会指定用于降低灯光强度的"倍增"。
- "远距衰减"选项组：该选项组主要用来控制灯光的衰减范围和强度，如图 5-29 所示。

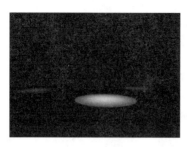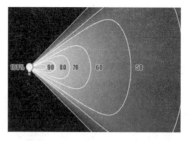

图 5-29　聚光灯衰减方式

5.3.4　光域网

光域网是针对"光度学"灯光提出的，常用于局部照明。使用光域网能够较好地表现出射灯在物体上产生的光线效果。

▶ 案例【5-1】　光域网　　　　　　　　　　　　　　🎬 视频文件：视频\第 5 章\5-1.mp4

STEP 01　打开本书附带资源"第 5 章\光域网.max"文件，该场景模拟一组装饰射灯的效果，切换至"灯光创建"面板，在射灯所在的位置创建一个"目标灯光"，如图 5-30 所示。

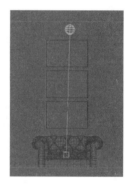

图 5-30　创建目标灯光

STEP 02　切换至"灯光修改"面板，修改"常规参数"卷展栏中的"灯光分布（类型）"为"光度学 Web"；单击"分布（光度学 Web）"参数卷展栏中的"选择光度学文件"按钮，在弹出的对话框中选择资源所提供的光域网文件，如图 5-31 所示。

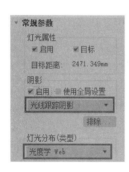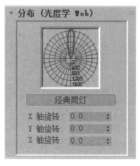

图 5-31　加载光域网

STEP 03　在"强度/颜色/衰减"卷展栏中设置灯光的过滤颜色，并调节至一定的强度，如图 5-32 所示。

STEP 04 渲染图像将产生射灯效果,如图 5-33 所示。

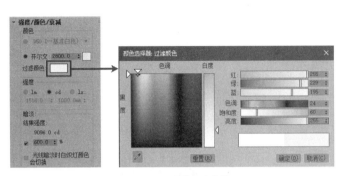 

图 5-32 调节灯光参数　　　　　　　　　　图 5-33 射灯效果

5.4 摄影机的作用

摄影机在室内效果图的制作过程中具有以下几个方面的作用:

1. 摄影机决定画面构图

摄影机就像是人的眼睛,在渲染输出时,摄影机决定着室内空间的透视角度。要想得到构图合理、符合美学的透视效果,可以调整摄影机的位置、焦距和高度,如图 5-34 所示。

2. 摄影机影响场景建模

在本书前面章节曾提到,为了简化场景,节省建模时间,只有最终摄影机视图中的可见对象才有必要予以创建,而无须创建室内场景的所有细节,这样既不影响画面效果,又提高了渲染速度和工作效率。

3. 摄影机影响灯光设置

根据日常生活经验可知,当从不同角度观察室内场景时,会看到不同的光影效果。制作效果图也是如此,由于要考虑画面的明暗关系和比例,只有在摄影机确定的情况下才能对灯光的位置进行仔细地调整,如图 5-35 所示。

图 5-34 画面构图　　　　　　　　　　图 5-35 不同角度灯光设置

5.5 摄影机的类型

3ds Max 中的摄影机包括物理摄影机、目标摄影机和自由摄影机三种，其中自由摄影机没有目标点。目标摄影机由于有目标点所以更易于调节方向，是建筑效果图制作的主要摄影机类型。自由摄影机则适用于制作摄影机动画，常用于动漫制作，如图 5-36 所示。

目标摄影机带有一个目标控制点，方向总是指向前方的目标点，使用"目标摄影机"可以很容易地对准某个对象，不管是摄影机还是目标都可以进行移动，在移动的过程中，相机的视线总是定位在目标点上，图 5-37 所示为该摄影机的相关参数。

图 5-36　摄影机类型

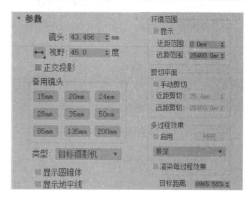

图 5-37　目标摄影机参数

- 镜头：以 mm 为单位，用来设置摄影机的焦距。
- 视野：用于设置摄影机查看区域的宽度视野。

专家提醒

焦距是描述镜头的视野，以毫米为单位。焦距参数越小，视野越宽，相机表现出离对象越远；焦距参数越大，视野越窄，相机表现出离对象越近。焦距小于 50mm 的镜头叫广角镜头，大于 50mm 的叫长焦镜头。如图 5-38 所示。

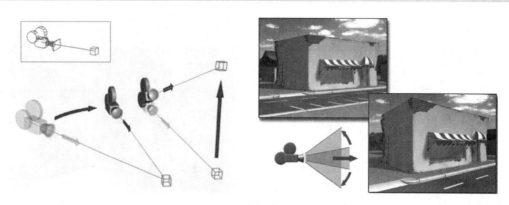

图 5-38　镜头焦距

- 手动剪切：勾选该复选框，可定义剪切的平面。
- 近距/远距范围：用于设置大气效果的近距范围和远距范围。

自由摄影机没有目标点，它仅仅提供摄影及正前方的区域，是为了更轻松地设置动画。当摄影机位置沿着轨迹设置动画时可以使用自由摄影机，与穿行建筑物或将摄影机连接到行驶中的汽车时一样，如图 5-39 所示。

5.6 创建和调整摄影机

摄影机的创建方法与灯光类似，操作非常简单，但如何把握摄影机的位置和参数调整对构图的影响却很重要。本节将对摄影机的镜头参数、视点的位置、透视类型等几个方面进行阐述。

5.6.1 创建摄影机

单击"创建"面板中的 按钮，进入"摄影机创建"面板，单击"目标"按钮在场景中拖拽光标可以创建一台目标摄影机，可以观察到目标摄影机包含目标点和摄影机两个部分，如图 5-40 所示。

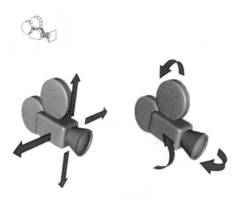

图 5-39 自由摄影机

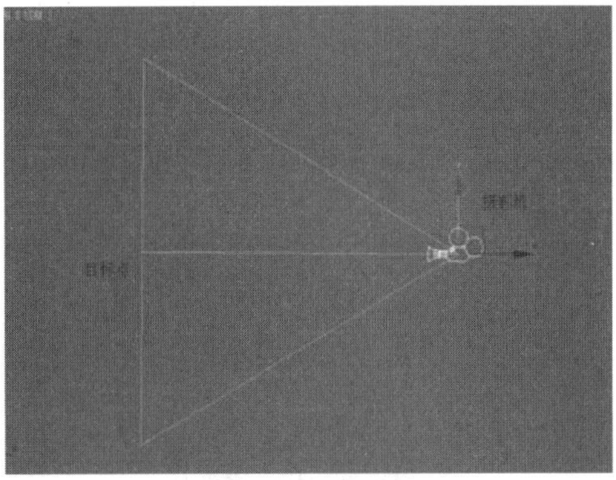

图 5-40 创建摄影机

摄影机创建完成后，激活某个视图，然后按快捷键 C，即可将当前视图转化为摄影机视图。如果场景中有多台摄影机，则以当前选择的摄影机为准。

专家提醒
在创建摄影机后，按键盘上的 Ctrl+C 组合键，可以将摄影机与当前视图视角相匹配。

5.6.2 摄影机参数设置

选择摄影机，切换至"修改"命令面板，就可以进入"摄影机修改"面板，在该面板中可以对摄影机的各种参数进行设置。

1. 镜头和焦距

摄影机工作时，光线穿过镜头聚焦在胶片上，使胶片捕获图像，胶片和镜头之间的距离就叫作焦距，通常以 mm 为单位，50mm 的镜头称为标准镜头。

▶ 案例【5-2】 镜头和焦距　　　　　　　　　　　　　　　视频文件：视频\第 5 章\5-2.mp4

STEP 01 打开本书附带资源"第 5 章\镜头焦距.max"文件，在场景中创建一架"目标摄影机"，并将视口切换到"摄影机"视口，如图 5-41 所示。

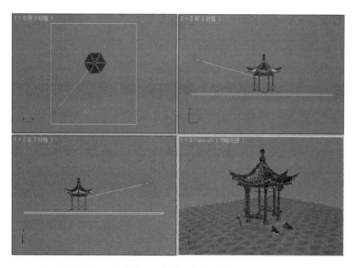

图 5-41　创建目标摄影机

STEP 02　切换至摄影机的"修改"命令面板，在其"参数"卷展栏中的"备用镜头"选项组中设置镜头的焦距为 35mm 镜头，效果如图 5-42 所示。

图 5-42　设置焦距及效果

STEP 03　设置镜头焦距为 50mm，如图 5-43 所示。50mm 的镜头焦距为标准镜头。

图 5-43　设置标准镜头及效果

STEP 04　设置镜头焦距 135mm，如图 5-44 所示。135mm 焦距的镜头为长焦镜头。

图 5-44 设置长焦镜头及效果

 专家提醒

一般焦距在 28mm 和 35mm 的范围内比较接近人的视角度。

2. 剪切平面

使用剪切平面可以排除场景中的一些几何体，只查看或渲染一部分场景。每个摄影机对象都具有近端和远端剪切平面。对于摄影机，比近距剪切平面近或比远距剪切平面远的对象是不可视的，如图 5-45 所示。

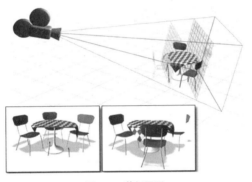

图 5-45 剪切平面

▶ 案例【5-3】 剪切平面   💾 视频文件：视频\第 5 章\5-3.mp4

下面通过一个实例来演示其使用方法。

STEP 01 打开本书附带资源"第 5 章\剪切平面.max"文件，该场景中已经创建好了一架目标摄影机，按快捷键 F9 渲染场景，可以发现摄影机视口中的所有对象都会被渲染，如图 5-46 所示。

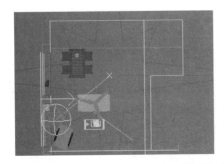

图 5-46 渲染场景

STEP 02　选择摄影机，切换至"修改"面板，在"参数"卷展栏的"剪切平面"选项组中勾选"手动剪切"复选框，这时在摄影机前方会出现一个红色方框。再次渲染场景，会发现红色方框所在平面后的对象没有被渲染，这种方式为远距离剪切，如图 5-47 所示。

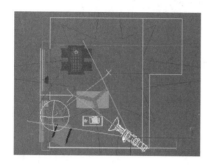

图 5-47　远距离剪切

STEP 03　控制靠近摄影机的红色方框，调整近距离剪切后，摄影机前方出现了两个红色方框，然后再次渲染创建，此时处于两个红色方框所在平面之间的对象被渲染，场景的其余部分则未被渲染，如图 5-48 所示。

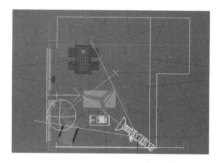

图 5-48　近距离剪切

专家提醒

在视口中，剪切平面在摄影机锥形光线内显示为红色矩形图标，红色方框以内的部分将被渲染，红色方框以外的部分将不被渲染。

5.7　室内灯光的设置方法

灯光的布置在效果图制作中是比较难掌握的，要想得到逼真的照明效果，需要制作者具有丰富的经验。根据主光源的不同，室内场景可以分为日景和夜景两种，它们分别具有不同的布光方法，如图 5-49 所示。

图 5-49　室内布光

案例【5-4】 室内灯光的设置方法　　　　　　　　视频文件：视频\第 5 章\5-4.mp4

本实例将演示日景室内灯光的布置方法。灯光布置应遵循从整体到局部、由简到繁的基本原则。本节表现的是太阳从窗户直射，光线在室内物体之间进行反弹，从而照亮整个卧室的日景场景，因此，天光是场景的主光，并且从外至内逐渐减弱。本例使用泛光灯来模拟这种天光。

1. 创建室外天光

STEP 01　打开本书附带资源"第 5 章\室内灯光布置.max"文件，该场景中有一个室内模型并设置好了基本材质，如图 5-50 所示。

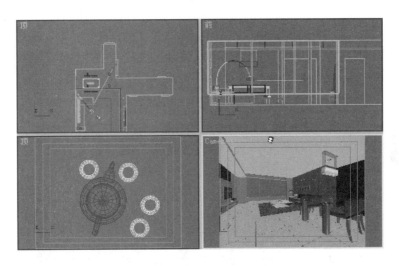

图 5-50　打开场景

STEP 02　单击"创建"→"灯光"→"标准"面板中的"泛光灯"工具按钮，并在场景的合适位置创建一个泛光灯，如图 5-51 所示。

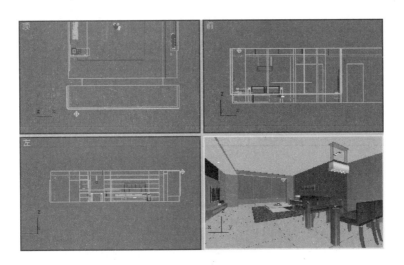

图 5-51　创建泛光灯

STEP 03　切换至"修改"命令面板，在"阴影"选项组中勾选"启用"复选框，并设置为"阴影贴图"阴影方式；展开"强度/颜色/衰减"卷展栏设置其参数，如图 5-52 所示。

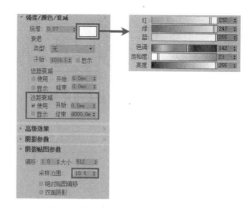

图 5-52　调节泛光灯参数

STEP 04　切换视图至前视图，选择创建出来的泛光灯，按住 Shift 键拖动复制，以"实例"的方式复制出泛光灯，组成灯光阵列，如图 5-53 所示。

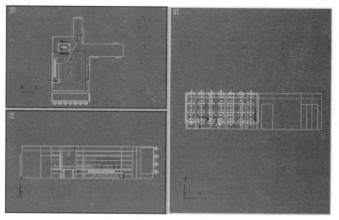

图 5-53　复制灯光

专家提醒

阵列的泛光灯就像一盏巨大的面光源，向室内照射光线。可根据计算机的性能确定阵列灯光的数量，灯光越多，得到的照明和阴影效果越细腻，但同时渲染速度也越慢。此外，应以"实例"的方式复制灯光，这样调整任一盏灯光，其他灯光也会发生相应变化。

STEP 05　按数字键 8，打开"环境和效果"对话框，单击"背景"颜色色块，设置背景色为白色，如图 5-54 所示。

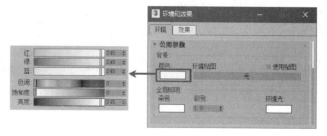

图 5-54　设置背景颜色

STEP 06　在场景中选择窗户玻璃对象，单击鼠标右键，在弹出的快捷菜单中选择"对象属性"选项，打开该对话框,在"渲染控制"选项组中取消勾选"投影阴影"复选框,如图 5-55 所示。

图 5-55 取消勾选窗户"投影阴影"

STEP 07 按快捷键 C 切换至摄影机视图,单击主工具栏上的"渲染产品"按钮,观察在设置了灯光后的画面效果,如图 5-56 所示。

图 5-56 室外天光渲染效果

2. 创建室内天光

STEP 01 选择两行创建出来的泛光灯,按住 Shift 键拖动复制,以"复制"的方式复制出两行灯光,并使用移动工具调节灯光的位置,如图 5-57 所示。

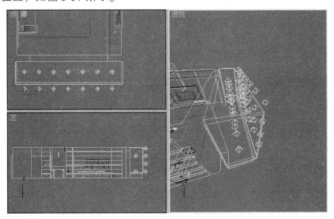

图 5-57 复制灯光

STEP 02 选择一个复制出来的灯光,切换至"修改"命令面板,对"强度/颜色/衰减""阴影贴图参数"和

"高级效果"卷展栏中的参数进行调节，如图 5-58 所示。

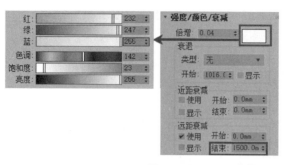

图 5-58　设置泛光灯参数

STEP 03　选择任意三组泛光灯，按住键盘上的 Shift 键拖动复制，以"复制"的方式复制出一个灯光，并使用移动工具调节灯光的位置，如图 5-59 所示。

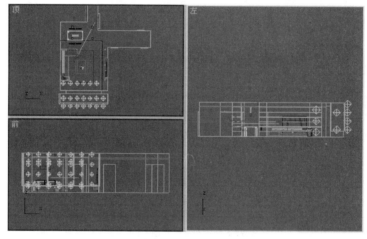

图 5-59　复制灯光

STEP 04　选择一个复制出来的灯光，切换至"修改"命令面板，对"强度/颜色/衰减""阴影贴图参数"和"高级效果"卷展栏中的参数进行调节，如图 5-60 所示。

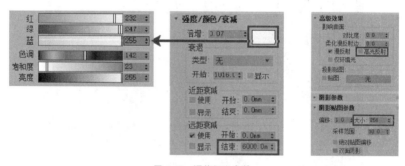

图 5-60　调整灯光参数

STEP 05　按快捷键 C 切换至摄影机视图，单击主工具栏上的"渲染产品"按钮，观察在设置了灯光后的画面效果，如图 5-61 所示。

图 5-61　测试渲染

STEP 06　至此窗口处的灯光已经设置好了，下面来设置室内产生漫反射的灯光。选择第三组灯光，按 Shift 键以"复制"的方式复制出五组泛光灯，并依次设置其强度为 0.06、0.05、0.04、0.03、0.03，再使用移动工具调整各组灯光的位置，如图 5-62 所示。

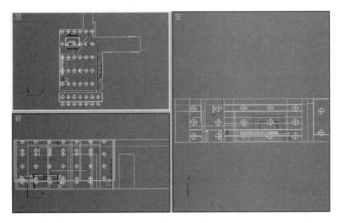

图 5-62　复制灯光

STEP 07　至此所有室内的灯光已经创建完成，按快捷键 C 切换至摄影机视图，单击主工具栏上的"渲染产品"按钮 ，观察在设置了灯光后的画面效果，如图 5-63 所示。

图 5-63　渲染场景

第 6 章

VRay 渲染器

VRay 渲染器是由保加利亚的 Chaosgroup 公司开发的一款非常优秀的高质量的全局光照渲染软件，它以插件的形式存在于 3ds Max 软件中，不但能模拟出各种逼真的材质效果，还可以模拟出真实细腻的全局光光照效果。

此外，VRay 渲染器还能在保证较高质量的渲染效果前提下，达到较快的渲染速度，因此被广泛应用于建筑表现、工业产品表现、动画制作等领域。

VRay 兼容了 3ds Max 大部分的标准材质和灯光，因此具有标准渲染器使用经验的用户也可以轻松掌握 VRay 渲染器。本章将全面剖析 VRay 渲染器，包括 VRay 的渲染参数、材质与贴图、灯光和摄影机等。

6.1　VRay 渲染控制面板

本书以 3ds Max 2020 为平台，介绍 VRay 插件的使用方法。将 VRay 插件成功安装至 3ds Max 2020 后，其渲染参数选项卡、VRay 材质与贴图、VRay 灯光、VRay 相机、VRay 物体与 VRay 置换修改器等部件，便会如图 6-1 至图 6-4 所示镶嵌在 3ds Max 2020 中对应的位置。

需要注意的是，用户可以自由选择 VRay 插件的版本，不一定要使用本书所采用的版本。

图 6-1　"VRay" 选项卡

图 6-2　VRay 材质与贴图

图 6-3　VRay 灯光与相机

图 6-4　VRay 置换命令

6.1.1　"VRay" 选项卡

"VRay" 选项卡中包含了对渲染的各种控制参数，是比较重要的一个模块，如图 6-5 所示。

■ 帧缓存区：用于控制 VRay 的缓存，设置渲染元素的输出、渲染的尺寸等，当开启 VRay 帧缓存后，3ds Max 自身的帧缓存会被自动关闭，如图 6-6 所示。

■ 全局控制：对 VRay 渲染器的各种效果进行开、关控制，包括几何体、灯光、材质、间接照明、光线跟踪、场景材质替代等，在渲染调试阶段较为常用，如图 6-7 所示。

图 6-5　"VRay"选项卡　　　图 6-6　VRay 帧缓存区　　　图 6-7　VRay 全局控制

- 图像采样器（抗锯齿）：用于控制 VRay 渲染图像的品质，包括图像采样器和过滤器两部分。提供了 2 种图像采样器，分别是渐进、快。选择其中一种图形采样器时，会出现这个采样器的参数设置卷展栏，包括"固定图像采样"卷展栏、"自适应 DMC 图像采样"卷展栏和"自适应细分图像采样"卷展栏，如图 6-8 所示。

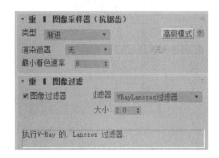 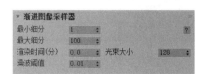

图 6-8　VRay 图像采样器

- 环境：该卷展栏用于控制开启 VRay 环境，以替代 3ds Max 环境设置。环境卷展栏由四部分组成，分别是 GI（全局照明）环境、反射/折射环境、折射环境及二次无光环境，如图 6-9 所示。
- 颜色映射：该卷展栏用于控制曝光模式，其中的参数可以控制灯光方面的衰减以及色彩的不同模式，如图 6-10 所示。

图 6-9　VRay 环境　　　　　　图 6-10　VRay 颜色映射

- 相机：用于设置 VRay 摄影机镜头的类型、景深和运动模糊参数，如图 6-11 所示。

6.1.2　"GI（全局照明）"选项卡

"GI（全局照明）"选项卡是 VRay 一个很重要的部分，它可以打开和关闭全局光效果。全局光照引擎也是在这里进行选择，不同的场景材质对应不同的运算引擎，正确地设置可以使全局光计算速度更加合理，使渲染效果更加出色，如图 6-12 所示。

图 6-11　VRay 摄影机

图 6-12　全局照明选项卡

- 全局照明 GI：控制全局照明的开、关和折反射的引擎，可在列表中选择 GI 引擎，如图 6-13 所示，在选择不同的 GI 引擎时会出现相应的参数设置卷展栏。
- 发光贴图：当选择"发光贴图"为当前 GI 引擎时会出现此面板，用于控制发光贴图参数设置，也是最为常用的一种 GI 引擎，效果和速度都不错，如图 6-14 所示。

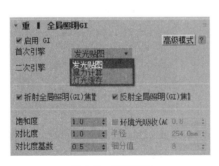

图 6-13　选择引擎

图 6-14　VRay 发光贴图

- 焦散：该卷展栏用于控制焦散效果，在 VRay 渲染器中产生焦散的条件包括必须有物体设置为产生和接收焦散，要有灯光，物体要被指定反射或折射材质，如图 6-15 所示。

6.1.3　"设置"选项卡

主要用来控制 VRay 的系统设置、置换、DMC 采样，如图 6-16 所示。

图 6-15 VRay 焦散

图 6-16 设置面板

- 默认置换：用于控制 VRay 置换的精度，在物体没有被指定 VRay 置换修改器时有效，如图 6-17 所示。

图 6-17 默认置换

- 系统：主要包括对 VRay 整个系统的一些设置，如内存控制、渲染区域、分布式渲染、水印、物体与灯光属性等设置，如图 6-18 所示。

图 6-18 设置系统参数

6.2 VRay 材质

VRay 渲染器提供了一套功能完善的材质系统，其中有 7 种材质类型是较为常用的，这些材质能够满足大多数情况下的制作需求，且其最大的特点是参数都非常精简，所以材质的调节效率非常高。

6.2.1 VRayMtl

VRayMtl 是 VRay 渲染器最为重要和常用的一种材质类型，能够模拟现实世界中的各种材质效果，内置有反射、折射、半透明等特性，并且有较快的渲染速度与很好的渲染效果。下面通过不锈钢材质的制作方法来演示该材质类型的使用方法，如图 6-19 所示。

图 6-19　不锈钢材质

案例【6-1】　VRayMtl 材质　　　视频文件：视频\第 6 章\6-1.mp4

STEP 01　打开配套资源提供的"第 6 章\VRayMtl.max"文件，该场景中有一个茶壶，按快捷键 M 打开"材质编辑器"面板，选择一个空白材质球，如图 6-20 所示。

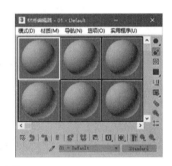

图 6-20　打开场景文件

STEP 02　单击"Standard"按钮 Standard ，在弹出的"材质/贴图浏览器"对话框中双击"VRayMtl"按钮，将材质参数设置面板转换为 VRayMtl 的参数面板，如图 6-21 所示。

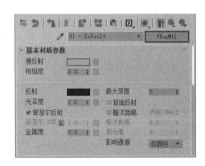

图 6-21　切换材质类型

STEP 03　在"基本材质参数"卷展栏中，对"漫反射"和"反射"右侧的颜色色块进行调整，并对"光泽度"值进行调整，如图 6-22 所示。

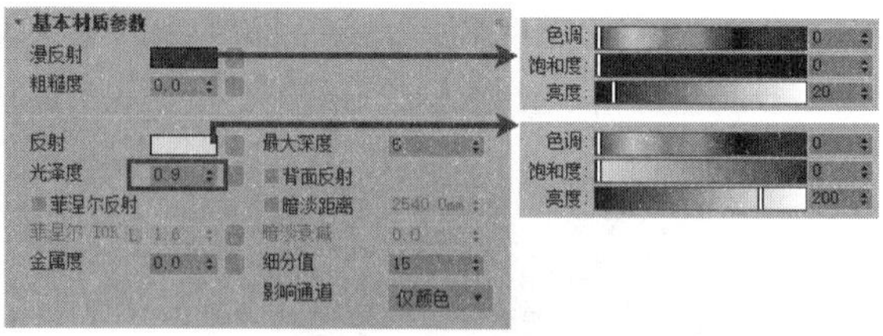

图 6-22　调节材质参数

STEP 04 展开"BRDF"卷展栏，切换模式为"Ward"，如图 6-23 所示。

图 6-23　切换为 Ward 模式

STEP 05 选择场景中要赋予不锈钢的主体对象，单击"将材质指定给选定对象"按钮 ，赋予其不锈钢材质，如图 6-24 所示。

图 6-24　不锈钢材质

6.2.2　VRay 材质包裹器

VRay 材质包裹器是一种包裹材质，用来控制物体的 GI、焦散和不可见等属性。它可以作为任何 VRay 支持材质的包裹材质。

▶ 案例【6-2】　VRay 材质包裹器　　　　　视频文件：视频\第 6 章\6-2.mp4

STEP 01 按快捷键 M 打开"材质编辑器"面板，选择一个空白材质球，切换材质类型为 VRayMtl，如图 6-25 所示。

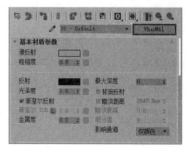

图 6-25　切换材质类型

STEP 02 再次单击"材质类型"按钮，在弹出的"材质/贴图浏览器"对话框中双击"VR 包裹材质"，如图

6-26 所示。

图 6-26　再次切换材质类型

STEP 03 在切换材质类型时，若需要保留原来所调整好的材质类型，则可在弹出的对话框中选择"将旧材质保存为子材质？"，如图 6-27 所示。

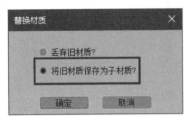

图 6-27　VR 材质包裹器参数

6.2.3　VRay 灯光材质

VRay 灯光材质其实是一种自发光材质，被指定这种材质的物体可以产生自发光效果，但如果想起到照明场景的作用，则必须开启全局光。下面通过一个简单的例子来学习灯光材质的运用，如图 6-28 所示。

图 6-28　VRay 灯光材质

案例【6-3】 VRay 灯光材质　　　　　　　　　　　　视频文件：视频\第 6 章\6-3.mp4

STEP 01 打开配套资源提供的"第 6 章\VRay 灯光材质.max"文件，该场景中有一台液晶显示器，但该显示器是关闭着的，屏幕上并没有画面，如图 6-29 所示。

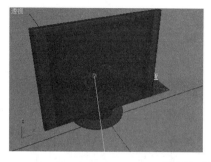

图 6-29　打开场景文件

STEP 02 按快捷键 M 打开 "材质编辑器" 面板，选择一个空白材质球，单击 "Standard" 按钮 ▊Standard▊ ，在弹出的 "材质/贴图浏览器" 对话框中双击 "VR 灯光材质"，如图 6-30 所示。

图 6-30　切换材质类型

STEP 03 在 "参数" 卷展栏中，为其添加一张 "位图" 贴图，并调节灯光的强度，如图 6-31 所示。

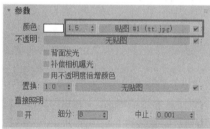

图 6-31　调整参数

STEP 04 选择显示器的屏幕对象，单击 "将材质指定给选定对象" 按钮 ，并单击主工具栏中的 "渲染产品" 按钮 ，观察在添加了灯光材质后的效果，如图 6-32 所示。

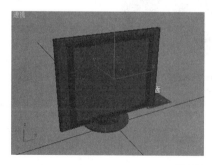

图 6-32　渲染观察

STEP 05 可以看见显示器的屏幕中出现画面，但其周围并没有被照亮。选择屏幕对象，单击鼠标右键，在弹出的对话框中选择"VRay 属性"，然后在弹出的对话框中对其中的参数进行设置，如图 6-33 所示。

STEP 06 至此灯光材质已经设置完成了，再次单击"渲染产品"按钮，观察渲染效果，如图 6-34 所示。

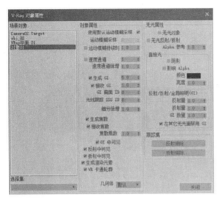

图 6-33　"VRay 对象属性"对话框

图 6-34　VRay 灯光材质渲染效果

6.2.4　VRay 快速 SSS 材质

　　VRay 快速 SSS 材质是一种专为模拟透明效果而准备的材质类型，能够模拟皮肤、玉石、蜡等效果，且有着较快的渲染速度，其参数面板如图 6-35 所示。

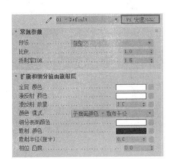

图 6-35　VRay 快速 SSS 材质参数面板

6.2.5　VRay 双面材质

　　VRay 双面材质可以设置物体前、后面不同的材质，常常用来制作纸张、窗帘、树叶等效果，如图 6-36 所示。

图 6-36　VRay 双面材质

▶ 案例【6-4】 VRay 双面材质　　　　　　　　📀 视频文件：视频\第 6 章\6-4.mp4

STEP 01 打开配套资源提供的"第 6 章\VRay 双面材质.max"文件，该场景中有一本书的正反两面的模型，如图 6-37 所示。

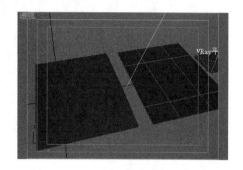

图 6-37　打开场景文件

STEP 02 按快捷键 M 打开"材质编辑器"面板，选择一个空白材质球，单击"Standard"按钮 Standard ，在弹出的"材质/贴图浏览器"对话框中双击"VR 双面材质"，如图 6-38 所示。

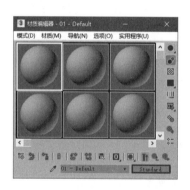

图 6-38　切换材质类型

STEP 03 在"参数"卷展栏中，单击"材质正面"右侧的长方形按钮，在弹出的"材质/贴图浏览器"对话框中选择"VRayMtl"材质类型，为其赋予一个子材质，如图 6-39 所示。

图 6-39　赋予子材质

STEP 04 在子材质参数设置面板中，为漫反射添加一张"位图"贴图，如图 6-40 所示。

图 6-40　赋予位图贴图

STEP 05 同样，为"背面材质"也赋予一个子材质对象，并添加一张"位图"贴图，如图 6-41 所示。

图 6-41　设置背面材质

STEP 06 单击"半透明"参数项右侧的颜色色块，在弹出的"颜色选择器"对话框中调整其颜色，如图 6-42 所示。

图 6-42　调整颜色

STEP 07 选择场景中的书对象，单击"将材质指定给选定对象"按钮 ，赋予其材质，切换至摄影机视图，单击主工具栏上的"渲染产品"按钮 ，观察双面材质的效果，如图 6-43 所示。

图 6-43　VRay 双面材质渲染效果

6.2.6 VRay 覆盖材质

VRay 覆盖材质属于包裹类型材质，可以对所包裹的挤出材质的 GI 进行有效的控制，VRay 覆盖材质参数面板如图 6-44 所示。VRay 覆盖材质包括基础材质、GI（全局光）材质、反射材质、折射材质和阴影材质五个子材质。

6.2.7 VRay 混合材质

VRay 混合材质可以让多个材质以层的方式混合模拟真实物理世界中的复杂材质。VRay 混合材质和 3ds Max 里的混合材质的效果类似，但是，其渲染速度比 3ds Max 的快很多，其参数面板如图 6-45 所示。

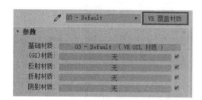

图 6-44　VRay 覆盖材质

图 6-45　VRay 混合材质

6.3　VRay 贴图

VRay 渲染器提供了多种贴图类型，它们都有着特殊的用途，而每种贴图功能都比较单一，参数也很简单，下面来介绍几种较为常用的贴图类型。

6.3.1 VRayHDRI

HDRI 即高动态范围图像，它不仅具有红、黄、蓝三色通道，还具有亮度通道，因此可以对场景产生颜色和亮度等多方面影响，并且 HDRI 支持大多数的环境贴图方式，如图 6-46 所示。

图 6-46　VRayHDRI 贴图

▶ 案例【6-5】 VRayHDRI

🎬 视频文件：视频\第 6 章\6-5.mp4

STEP 01　打开配套资源提供的"第 6 章\VRayHDRI.max"文件，该场景中已经创建好了一些模型，也赋予了材质，如图 6-47 所示。

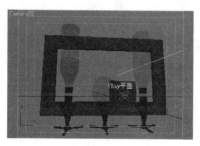

图 6-47　打开场景文件

STEP 02 单击主工具栏中的"材质编辑器"图标 调出"材质编辑器"面板，选择一个材质球，单击 图标获取材质，在弹出的"材质/贴图浏览器"对话框中选择"VRayHDRI"，如图 6-48 所示。

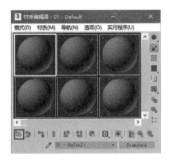

图 6-48　获取材质

STEP 03 双击"VRayHDRI"，切换至 VRayHDRI 材质参数设置面板，单击"参数"卷展栏中的"浏览"按钮，在打开的对话框中选择贴图的路径，并且指定该高动态范围贴图，然后调节"参数"卷展栏中的参数，如图 6-49 所示。

图 6-49　指定贴图

STEP 04 按数字键 8，打开"环境和效果"对话框，在"材质编辑器"面板中选择设置好的 VRayHDRI 材质拖动复制到"环境贴图"上，如图 6-50 所示。

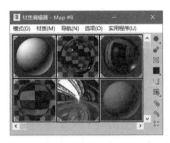

图 6-50　添加 VRayHDRI 背景

STEP 05 单击主工具栏上的"渲染设置"按钮 ，在打开的对话框中切换至"VRay"选项卡中的"环境"卷展栏，依照同样的方法将设置好的 VRayHDRI 材质复制到"反射/折射环境"选项组右侧长方形按钮上，如图 6-51 所示。

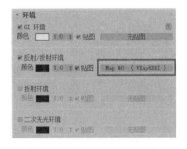

图 6-51　添加反射环境

STEP 06 按快捷键 C 切换至摄影机视图，单击"渲染产品"按钮 ，渲染添加了 VRayHDRI 材质后的画面效果，如图 6-52 所示。

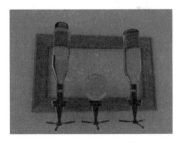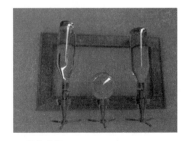

图 6-52　VRayHDRI 渲染效果

VRay 边纹理材质可以渲染出带有线框结构的物体效果，并且能够设置边线的宽度和颜色。

在参数面板中单击"漫反射"右侧的"贴图通道"按钮 ▓，在弹出的"材质/贴图浏览器"中双击"VR 边纹理"材质即可调用该材质，如图 6-53 所示。

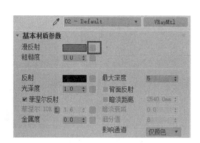

图 6-53　选择纹理

边纹理的参数面板如图 6-54 所示。

图 6-54　VRay 边纹理参数面板

应用边纹理的效果如图 6-55 所示。

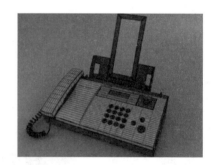

图 6-55　应用边纹理的效果

VRay 合成贴图能将两种贴图以 7 种方式进行合成，这 7 种合成方式包括"相加""相减""差值""相乘""相除""Min（A，B）"和"Max（A，B）"。下面通过一个简单的实例来演示其使用方法，如图 6-56 所示。

图 6-56　VRay 合成贴图

▶ 案例【6-6】 VRay 合成贴图　　　　　　　　視频文件：视频\第 6 章\6-6.mp4

STEP 01　打开配套资源提供的 "第 6 章\VRay 合成贴图.max" 文件，该场景中有一个奖杯模型，按快捷键 M 打开"材质编辑器"面板，选择一个空白材质球，将材质类型切换为 "VRayMtl" 类型，如图 6-57 所示。

图 6-57　切换材质类型

STEP 02　在"基本材质参数"卷展栏中，对"漫反射"和"反射"选项组中的参数进行设置，并设置"漫反射"颜色为黄色，"反射"为白色，如图 6-58 所示。

图 6-58　设置基本参数

STEP 03　单击"反射"后面的"贴图通道"按钮█，在弹出的"材质/贴图浏览器"对话框中选择"衰减"，切换至"衰减参数"卷展栏，参数设置如图 6-59 所示。

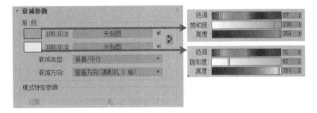

图 6-59　衰减参数

STEP 04　至此，奖杯的基本材质已经设置好了，在主工具栏上单击"渲染产品"按钮，观察奖杯的材质，如图 6-60 所示。

图 6-60　奖杯材质

STEP 05 单击"漫反射"后面的"贴图通道"按钮▇，在弹出的"材质/贴图浏览器"对话框中选择"VR 合成纹理"，并为"来源 A"和"来源 B"两个贴图通道赋予"Perlin Marble"和"Smoke"两张贴图，如图 6-61 所示。

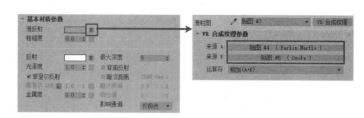

图 6-61 添加 VR 合成贴图

STEP 06 切换视图至摄影机视图，在运算符的下拉列表中，分别选择"相加"和"相乘"两种方式，再渲染其效果，如图 6-62 所示。

图 6-62 相加和相乘

6.3.4 VRay 天光

STEP 01 VRay 天光是 VRay 日光系统的一部分，需要配合 VRay 日光灯光使用，并且要开启全局光。VRay 天空贴图的作用是模拟天空效果，为场景提供反射、折射和照明。下面来制作一个天空背景，如图 6-63 所示。

图 6-63 VRay 天光背景

STEP 02 按数字键 8 打开"环境和效果"对话框，单击"环境贴图"下的长方形按钮，在弹出的"材质/贴图浏览器"中双击"VRaySky"，如图 6-64 所示。

图 6-64 添加 VRay 天光

STEP 03 按快捷键 M，打开"材质编辑器"面板，将环境中的 VRay 天光拖动给"材质编辑器"中，并选择以"关联"的方式复制，如图 6-65 所示。

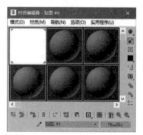

图 6-65 复制贴图

STEP 04　然后选择一个视角,单击"渲染产品"按钮![],观察天空效果,如图 6-66 所示。

图 6-66　天空效果

6.3.5　VRay 污垢

VRay 污垢作为一种程序贴图纹理,能够基于物体表面的凹凸细节混合任意两种颜色和纹理。从模拟陈旧、受侵蚀的材质到脏旧置换的运用,它有非常多的用途,其参数面板如图 6-67 所示。

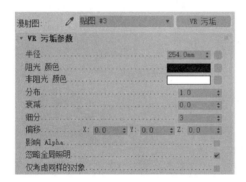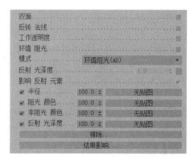

图 6-67　VRay 污垢参数面板

6.3.6　VRay 颜色

VRay 颜色贴图能设置任意颜色,也允许设置浮点 R、G、B 通道,还可以对 Gamma 颜色校正,如图 6-68 所示。

图 6-68　VRay 颜色效果

STEP 01 打开配套资源提供的 "第 6 章\VRay 颜色.max" 文件，该场景中有一个沙发模型，按快捷键 M 打开 "材质编辑器" 面板，选择一个空白材质球，如图 6-69 所示。

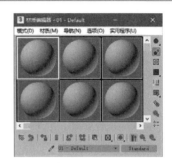

图 6-69　打开场景文件

STEP 02 单击 "Standard" 按钮 Standard ，在弹出的 "材质/贴图浏览器" 对话框中双击 "VRayMtl"，转换为 VRayMtl 材质参数设置面板，如图 6-70 所示。

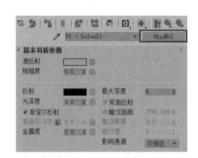

图 6-70　切换材质类型

STEP 03 在 VRayMtl 材质的参数面板中，对 "基本材质参数" 卷展栏中的参数进行设置，如图 6-71 所示。

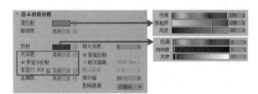

图 6-71　调节基本参数

STEP 04 选择场景中的沙发主体对象，单击 "将材质指定给选定对象" 按钮 ，赋予其材质，再单击主工具栏上的 "渲染产品" 按钮 ，进行观察，如图 6-72 所示。

图 6-72　渲染观察

STEP 05 单击 "漫反射" 右侧的 "贴图通道" 按钮 ，在弹出的 "材质/贴图浏览器" 对话框中选择 "VR 颜色"，为其添加一张贴图，如图 6-73 所示。

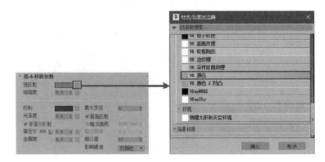

图 6-73　加载 VR 颜色贴图

STEP 06 切换至 VRay 颜色
参数设置面板中,然后在"VR
颜色参数"卷展栏中对 VRay
颜色的各项参数进行设置,如
图 6-74 所示。

图 6-74　调节参数

STEP 07 按快捷键 C 切换至
摄影机视图,单击主工具栏上
的"渲染产品"按钮,观
察添加了 VR 颜色贴图后的
效果,如图 6-75 所示。

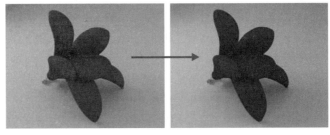

图 6-75　渲染产品

6.4　VRay 置换修改器

VRayDisplacementMod(VRay 置换修改器)是一个可以在不需要修改模型的情况下,为场景中的物体
增加模型细节的强大的修改器。它的效果很像凹凸贴图,但是凹凸贴图仅是材质作用于物体表面的一个效果,
而 VRay 置换修改器的效果比凹凸贴图效果更丰富强烈。

在"修改器"列表中选择"VRayDisplacementMod",为对象添加 VRay 置换修改器,如图 6-76 所示。

图 6-76　添加 VRay 置换修改器

VRay 置换修改器的参数设置面板如图 6-77 所示。

图 6-77　VRay 置换修改器参数

■ **2D 贴图**：这种方式根据置换贴图来产生凹凸效果，凹或凸的地方是根据置换贴图的明暗来产生的，暗的地方凹，亮的地方凸。实际上，VRay 在对置换贴图分析的时候，已经得出了凹凸结果，最后渲染的时候只是把结果映射到 3D 空间上。

■ **3D 贴图**：根据置换贴图来细分物体的三角面。它的渲染效果比 2D 好，但是速度比 2D 慢。

■ **细分**：这种方式和三维贴图方式比较相似，它在三维置换的基础上对置换产生的三角面进行光滑处理，使置换产生的效果更加细腻，渲染速度比三维贴图的渲染速度慢。

■ **纹理贴图**：单击下面的按钮，可以选择一个贴图来当作置换所用的贴图。

■ **纹理通道**：这里的贴图通道和给置换物体添加的 UVW 贴图里的贴图通道相对应。

■ **过滤纹理贴图**：勾选该复选框后，在置换过程中将使用"图像采样器（全屏抗锯齿）"中的纹理过滤功能。

■ **数量**：用来控制物体的置换程度，较高的取值可以产生剧烈的置换效果。当设置为负值时，会产生凹陷的置换效果，如图 6-78 所示。

■ **移动**：用来控制置换物体的收缩膨胀效果。正值是物体的膨胀效果，负值是物体的收缩效果，如图 6-78 所示。

图 6-78　数量和移动

■ **水平面**：用来定义一个置换的水平界限，在这个界限以外的三角面将被保留，界限以内的三角面将被删除，如图 6-79 所示。

图 6-79　水平面

■ **相对于边界框**：勾选该复选框后，置换的数量将以边界盒为挤出。这样置换出来的效果非常剧烈，通常不必勾选使用，如图 6-80 所示。

■ **分辨率**：用来控制置换物体表面分辨率的程度，最大值为 16384，值越高表面越清晰，如图 6-81 所示，当然也需要置换贴图的分辨率比较高才可以。

图 6-80　相对于边界框

图 6-81　分辨率和精度

■　紧密边界：勾选该复选框后，VRay 会对置换的图像进行预先采样，如果图像中的颜色数很少并且图像不是非常的复杂时，渲染速度会很快。如果图像中的颜色数很多而且图形也相对比较复杂，置换评估会减慢计算。若取消勾选，VRay 不对纹理进行预先采样，在某些情况下会加快计算。

■　边长：定义了三维置换产生的三角面的边线长度。值越小，产生的三角面越多，置换品质也越高。

■　最大细分：用来确定原始网格的每个三角面能够细分得到的极细三角面最大数量，实际数量是所设置参数的平方值。通常不必为这个参数设置太高的数值。

■　使用对象材质：勾选该复选框时，VRay 可以从当前物体材质的置换贴图中获取纹理贴图信息，而不会使用修改器中的置换贴图的设置。

■　保持连续性：不勾选时，在具有不同光滑组群或材质 ID 号之间会产生破裂的置换效果，勾选后则可以将这个裂口进行连接，如图 6-82 所示。

图 6-82　保持连续性

■　边缘：该选项只有在勾选"保持连续"时才可以使用。它可以控制在不同光滑组或材质 ID 之间进行混合的缝合裂口的范围。

6.5 VRay 灯光

VRay 渲染器提供了一套优秀的灯光，包括 VRay 灯光、VRay 阳光和 VRayIES 三部分，它们有着优秀的渲染效果和简洁的参数设置面板，使用起来非常方便。

6.5.1 VRay 灯光

VRay 灯光是从一个面积或体积发射出的光线，所以能够产生真实的照明效果，其参数十分精简，易于设置。VRay 灯光包括 4 种灯光类型，分别是平面、球体、穹顶和网格型，如图 6-83 所示。

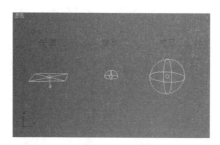

图 6-83 VRay 灯光

下面以平面类型为例对 VRay 灯光做一个简单的介绍。

STEP 01 打开配套资源提供的"第 6 章\VRay 灯光.max"文件，该场景中有一个室内的空间。在"创建"→"灯光"下拉列表中选择"VRay"，然后单击"VRayLight"按钮，在场景中创建一个灯光，位置如图 6-84 所示。

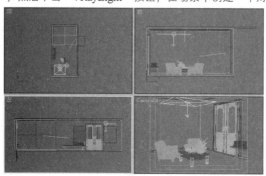

图 6-84 创建灯光

STEP 02 切换至"修改"命令面板，展开"参数"卷展栏，"常规"选项组中的"开"复选框可以控制 VRay 灯光是否启用，如图 6-85 所示。

图 6-85 关闭和启用灯光

STEP 03 "参数"卷展栏中的"常规"和"强度"两个选项组中的参数，与前面介绍的标准灯光中的一样，这里就不再详细介绍了，如图 6-86 所示。

图 6-86　颜色倍增

STEP 04　光源的大小可以在"大小"选项组中进行调整，"半长"可以设置平面的长度，"半宽"可以设置平面光源的宽度，如图 6-87 所示。

图 6-87　光源大小

STEP 05　"选项"组中的参数可以用来对光源进行特殊的设置；"投射阴影"复选框用于控制平面光源是否投射阴影；"双面"复选框可以控制是否在平面光源的两面都产生灯光效果，该复选框对球形灯光无效，常用来满足特定场合的需要，如图 6-88 所示。

图 6-88　投射阴影和双面

STEP 06　"不可见"复选框可以控制是否在最后的渲染图中显示光源的形状，若不勾选，场景中的光源将被渲染成当前灯光的颜色，如图 6-89 所示。

STEP 07　"不衰减"为无衰减，一般情况下灯光亮度会按照与光源距离平方的倒数方式进行衰减（即远离光源的表面比靠近光源的表面更黑）。勾选该复选框后，灯光的强度将不会随距离而衰减，如图 6-90 所示。

图 6-89　不可见选项

图 6-90　不衰减选项

STEP 08 "天光"为天光入口开关，勾选后颜色和倍增值参数会被忽略，而是以环境光的颜色和亮度为准，如图 6-91 所示。

图 6-91　天光

STEP 09 其中的"影响漫反射""影响镜面""影响反射"三个复选框与前面所介绍的标准灯光中的功能一样，这里就不再详细介绍了，如图 6-92 所示。

图 6-92　基本照射设置

STEP 10 "采样"选项组中的"细分"设置可以决定光照效果的品质。这个值控制着 VRay 耗费多少样本来计算光照效果,参数值设置越低,那么图面噪点越多,渲染时间也越短,反之亦然。"阴影偏移"这个参数控制着物体的阴影渲染偏移程度,偏移值越低,阴影的范围越大越模糊,反之亦然,如图 6-93 所示。

图 6-93　细分和阴影偏移

6.5.2 VRay 阳光

VRay 阳光是 VRay 渲染器自带的太阳光,提供了空气混浊度、臭氧层厚度等物理属性设置,与 VRaySky 配合使用,可模拟出真实的太阳光照效果。VRay 阳光也可以单独创建,并通过创建 3ds Max 日光系统来控制。下面来学习它的使用方法,如图 6-94 所示。

图 6-94　VRay 阳光

案例【6-8】 VRay 阳光　　　　　　　　视频文件:视频\第 6 章\6-8.mp4

STEP 01 打开配套资源提供的"第 6 章\VRay 阳光.max"文件,场景中已经创建好了一些模型和灯光,如图 6-95 所示。

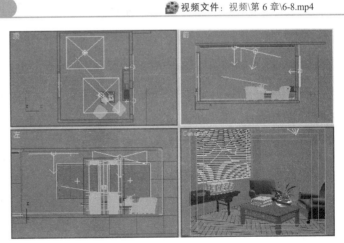

图 6-95　打开场景文件

STEP 02 在"创建"→"灯光"
面板的下拉列表中选择"VRay",
切换至 VRay 灯光面板,然后单
击"VRaySun"按钮,在场景中
合适的位置创建一个灯光,如图
6-96 所示。

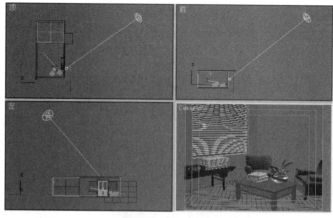

图 6-96 创建太阳光

STEP 03 在创建该灯光时,场
景中会自动地弹出一个对话框,
询问是否在环境中创建 VR 天空
贴图,单击"是"按钮,该贴图
会与 VRay 阳光保持关联属性,
如图 6-97 所示。

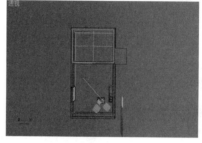

图 6-97 添加 VR 天空贴图

STEP 04 选择创建好的太阳
光,切换至"修改"命令面板,
对"VR 太阳 参数"卷展栏中的
参数进行设置,如图 6-98 所示。

图 6-98 调节参数

STEP 05 按快捷键 C 切换至摄
影机视图,单击主工具栏上的
"渲染产品"按钮,观察添加
了 VR 阳光后的效果,如图 6-99
所示。

图 6-99 VR 阳光渲染效果

6.5.3　VRayIES

　　VRayIES 是 VRay 渲染器自带的 IES 类型的灯光，它提供了光网域、功率等属性的设置，主要用来模拟室内灯光中的射灯的效果，如图 6-100 所示。

图 6-100　VRayIES 灯光

▶ 案例【6-9】 VRayIES　　　　　　　　　　　　🎬 视频文件：视频\第 6 章\6-9.mp4

STEP 01　打开配套资源提供的"第 6 章\VRayIES.max"文件，场景中已经创建好了一些模型和灯光，如图 6-101 所示。

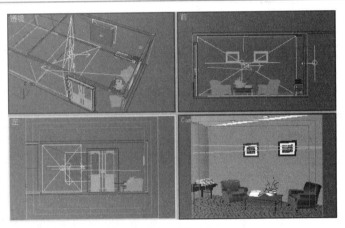

图 6-101　打开文件

STEP 02　切换视图至前视图，在"创建"→"灯光"面板的下拉列表中选择"VRay"，切换至 VRay 灯光面板，然后单击"VRayIES"按钮，在场景中合适的位置创建一个灯光，并使用移动工具调整其位置，如图 6-102 所示。

图 6-102　创建灯光

STEP 03　选择创建好的灯光，切
换至"修改"命令面板，对"VR IES
参数"卷展栏中的参数进行设置，
如图 6-103 所示。

图 6-103　调整参数

STEP 04　单击"参数"卷展栏中
的长方形按钮，在弹出的对话框中
选择配套资源中提供的光域网文
件，如图 6-104 所示。

图 6-104　添加光域网文件

STEP 05　切换视图至顶视图，选
择创建出来的 VRayIES 灯光，按
住 Shift 键拖动复制出 2 个
VRayIES 灯光，并调整其位置，如
图 6-105 所示。

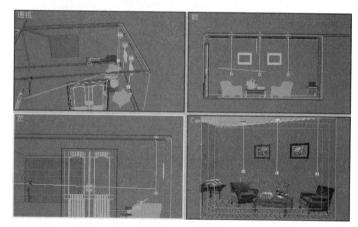

图 6-105　复制灯光

STEP 06　按快捷键 C 切换至摄影
机视图，单击主工具栏上的"渲染
产品"按钮 🖥，观察添加了
VRayIES 后的灯光效果，如图
6-106 所示。

图 6-106　VRayIES 灯光效果

6.6　VRay 相机

VRay 相机一共有两种类型：VRay 穹顶相机和 VRay 物理相机。前者模拟一种穹顶相机效果，类似于 3ds Max 中自带的自由相机类型，已经固定好了相机的焦距、光圈等所有参数，唯一可控制的只是它的位置；后者的使用功能和现实中的相机功能相似，都有光圈、快门、曝光、ISO 等调节功能，用户可以通过使用 VRay 的物理相机制作出更为真实的作品。下面以 VRay 物理相机为例对相机的参数面板做一个简单的介绍，如图 6-107 所示。

图 6-107　参数面板

6.6.1　基本参数

"基本和显示"卷展栏中包含了相机设置的基本参数，下面对其中的具体参数进行介绍。

- 类型：VRay 物理相机内置了 3 种类型的相机，分别为：照相机、相机（电源）、相机（DV）。一般作为室内的静态表现，只使用默认的照相机类型即可，如图 6-108 所示。

图 6-108　相机类型

- 目标：勾选该复选框，相机的目标点将放在焦平面上。
- 对焦距离：选择该复选框，可设置相机的对焦距离值。
- 显示圆锥体：设置相机圆锥体的显示方式，默认为"选择"方式，即选择相机才显示圆锥体。

6.6.2　其他参数

展开其他参数卷展栏，设置参数，如图 6-109 所示，调整相机在视图中的显示效果。

- 胶片规格：控制照相机所看到的景色范围。
- 焦距：控制相机的焦长。
- 缩放系数：控制摄影机的视图的缩放。值越大，相机视图拉得越近。
- 光圈数：用于设置相机的光圈大小，控制渲染图的最终亮度。值越小图越亮，值越大图越暗，同时和景深也有关系，大光圈景深小，小光圈景深大。

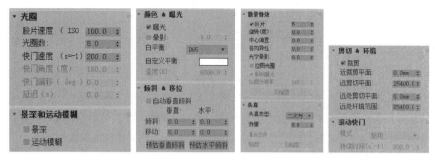

图 6-109　其他参数

- 快门速度：控制光的进光时间。值越小，进光时间越长，图就越亮；反之值越大，进光时间就小，图就越暗。
- 景深：控制是否产生景深。
- 运动模糊：控制是否产生动态模糊的效果。
- 曝光：用于控制曝光的效果
- 晕影：用于模拟真实相机所产生的镜头渐晕效果。
- 白平衡：和真实相机的功能一样，控制图的色偏。
- 叶片：用于控制背景产生的小圆圈的边。
- 旋转（度）：控制背景小圆圈的旋转角度。
- 中心偏置：用于控制背景偏移原物体的距离。
- 各向异性：用于控制背景的各向异性。

6.7　VRay 物体

　　VRay 渲染系统不仅有自身的灯光、材质和贴图，还有自身的物体类型。VRay 物体在"创建"命令面板的"创建几何体"面板中，该面板中提供了多种物体类型：VRayProxy、VRay 毛发、VRay 平面和 VRay 球体，如图 6-110 所示。

图 6-110　VRay 物体对象类型

6.7.1　VRayProxy

　　利用 VRayProxy（VRay 代理）对象，可以在渲染的时候导入存在 3ds Max 外部的网格对象，这个外部的几何体不会出现在 3ds Max 场景中，也不占用配套资源，用这种方式可以渲染上百万个三角面场景。下面通过一个简单的实例来演示其使用方法。

案例【6-10】 VRayProxy

视频文件：视频\第 6 章\6-10.mp4

STEP 01　打开配套资源提供的 "第 6 章\VRay 代理.max" 文件，该场景中已经创建好了一个物体对象，为其设置相应的参数和灯光，如图 6-111 所示。

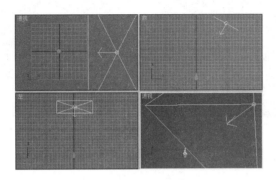

图 6-111　打开场景文件

STEP 02　选择场景中的对象，单击鼠标右键，在弹出的快捷菜单中选择 "VRay 网格导出" 命令，这时会弹出一个 "VRay 网格导出" 对话框，如图 6-112 所示。

图 6-112　VRay 网格导出

STEP 03　单击 "文件夹" 栏右侧的 "浏览" 按钮，设置储存导出文件的路径，选择 "导出所有选中的对象在一个单一的文件上" 选项，再单击 "确定" 按钮，如图 6-113 所示。

图 6-113　VRay 网格导出对话框

STEP 04　单击 "创建" → "几何体" → "VRay" 面板中的 "VRayProxy" 按钮，在其 "代理文件" 卷展栏中单击 "网格文件" 右侧的 "浏览" 按钮，在弹出的对话框中导入所导出的代理文件，如图 6-114 所示。

图 6-114　选择文件

STEP 05　在所有添加代理物体的位置处单击，进行添加，并单击主工具栏中的 "渲染产品" 按钮，观察代理物体，如图 6-115 所示。

图 6-115　代理物体

专家提醒

在使用 VR 代理创建对象的时候，必须使用 VR 渲染器才可以渲染代理的对象。

"导出每个选中的对象在一个单独的文件上"也是存储对象的一种方式，它可以选择存储多个对象。若勾选"自动创建代理"，可以自动地导出网格创建 VRay 代理对象，且该对象具有与原始对象相同的位置信息和材质特性，原始对象将会被删除。

6.7.2　VRay 球体和 VRay 平面

1. VRay 球体

VRay 球体物体主要用来制作球体。在创建 VRay 球体时，只需要在视图中单击即可创建完成。球体物体在视图中只是以线框方式显示，在渲染的过程中必须将 VRay 指定为当前渲染器，否则渲染后线框不会显示。它的参数只有两个，分别是"半径"和"翻转法线"，如图 6-116 所示。

2. VRay 平面

VRay 平面物体主要用来制作一个无限广阔的平面。在创建平面物体时，只需要在视图中单击即可创建完成。平面物体在视图中只是显示平面物体图标，在渲染的过程必须将 VRay 指定为当前渲染器，否则渲染后不会显示。在渲染时可以更改平面物体的颜色，并且还可以赋予平面材质贴图（赋予贴图的功能很少用到），如图 6-117 所示。

图 6-116　VRay 球体　　　　　　　　图 6-117　VRay 平面

6.7.3　VRay 毛发

　　VRay 毛发用来在其他模型上创建毛发效果。首先要将模型选中，然后激活这个命令，才能生成毛发，否则此命令处于关闭状态。毛发物体在视图中不显示毛发的效果，只是显示毛发物体的图标。毛发效果只有在渲染以后才会显示，如果没有将 VRay 指定为当前渲染器，就无法进行渲染。通常用 VRay 毛发来模拟地毯、布料、植物、草地等效果，如图 6-118 所示。

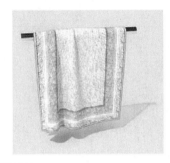

图 6-118　VRay 毛发效果

　　"参数"卷展栏中有用于设置毛发对象的各种基本参数，包括长度、厚度、弯曲程度，如图 6-119 所示。

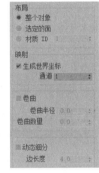

图 6-119　参数卷展栏

- 源对象：用于产生毛发的物体。单击源物体下面的控件，可以在场景中任意选择用来产生毛发的网格物体，如图 6-120 所示。

图 6-120　源物体

- 长度：用来控制毛发的长度，数值越大生成的毛发就越长。

- 厚度：用来定义毛发的粗细程度。注意默认时，毛发使用片状方式。
- 重力：这个参数用来模拟重力对毛发的影响效果。取值为 0 时表示毛发不受重力的影响；取值为负值时表示重力向下，数值越小向下的重力越强；取值为正值时表示重力向上，数值越大向上的重力越强。
- 弯曲：用来控制毛发的弯曲程度，数值越大越弯曲。
- 锥形：用于控制毛发发梢的锥度，如图 6-121 所示。

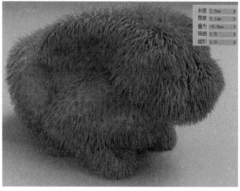

图 6-121　锥形基本参数

- 结数：用于设置源对象的片段数。它的取值越小 VRay 毛发越不平滑，还影响重力和弯曲的效果，所以最好设置大于 8 的结数值。
- 方向变量：用来控制毛发在方向上的随机变化。数值越高随机效果越强，数值为 0 时，毛发在方向上没有任何变化。
- 长度变量：用于控制毛发物体在长度上的变化量。0 表示所有毛发的长度都是一样，1 表示毛发物体的长度随机性强。
- 厚度变量：用来控制毛发粗细的随机变化。数值越高随机效果越强，数值为 0 时，毛发的粗细将会显示为一样。
- 重力变量：用来控制毛发物体在受到重力影响时的变化量。0 表示所有毛发受到相同的重力影响，如图 6-122 所示。

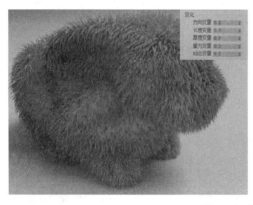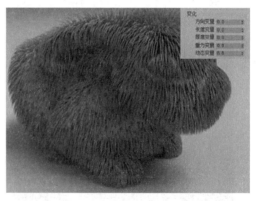

图 6-122　重力变量参数

- 每片面：主要用来控制物体的每个三角面产生的毛发数量，因为物体的每个面不都是均匀的，所以渲染出来的毛发也不均匀。

■　每个区域：该方式为默认方式，它可以得到均匀的毛发分布方式。因为它用面积的方式来计算毛发分布，取值越高毛发的数量越多，如图 6-123 所示。

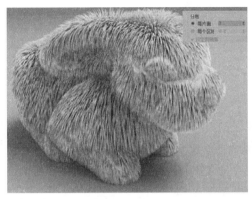

图 6-123　分布方式

■　整个对象：该选项为默认选项，意味着整个物体将产生毛发效果。

■　选定的面：该选项可以让物体的任意部分产生毛发效果，但是必须使用"网格物体"或者"编辑多边形"命令对网格物体需要放置毛发的部分进行选择。

■　材质 ID：用于控制毛发产生的材质区域，如图 6-124 所示。

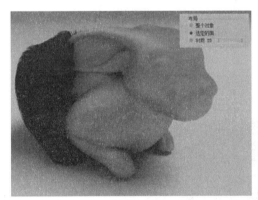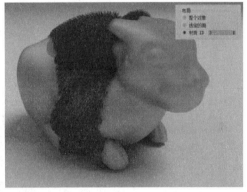

图 6-124　布局方式

■　贴图：通过该卷展栏中的通道可以使用各种贴图来控制毛发的属性。

■　最大毛发：勾选后，可以在视图里预览毛发的大致情况。后面的值越大，毛发生长情况的预览越详细。

第 7 章

客餐厅阳光效果

客餐厅是家庭群体活动的主要空间，是整个居室生活的中心，是家装设计的重中之重。客餐厅一体具有多功能的特点，它既是家居生活的核心区域，又是接待客人的场所。在设计客餐厅时，既要满足家人的基本活动需要，如吃饭、看电视等，又要满足社交活动的需要，如接待好友、朋友聚会等。

07

本章将使用 VRay 渲染器来完成客餐厅效果图的制作，通过对本实例的学习，读者可以掌握客餐厅阳光效果的表现技巧以及常用材质的制作方法，效果如图 7-1 所示。

7.1　客餐厅设计要点

客餐厅是居家生活中一个重要的综合性功能空间，而空间的设计风格也是最突出的，从餐桌椅、沙发茶几的摆放到餐具、电视机的档次，再到室内摆设与整体色彩，处处都是装饰风格的体现。客餐厅的设计应根据主人生活习惯及空间大小等因素进行划分与设计。

7.1.1　客餐厅功能区的划分

随着居住条件的不断改善，客餐厅一体化越来越流行。另外，客餐厅在空间上起到了一个连接内外的作用，它往往与玄关、书房相连，形成一个较大的空间，因此设计时应遵循先功能后形式的原则。客餐厅一般可以划分为玄关、会客区、用餐区和学习区等。当然这种划分并不是一成不变的，它与主人的要求、房间的分配有很大的关系。例如，如果已经单独设置了一个房间作为书房，就没有必要再设学习区了，或者如果厨房与餐厅在一个房间，就不必再设用餐区了，如图 7-2 所示。

图 7-1　客餐厅效果

图 7-2　空间的划分

- 玄关：玄关有时也称为门厅，它是外界与客厅在空间上的过渡，起着自然导向作用。玄关处通常要设计鞋柜、挂衣架等。如果空间比较大，也可以做一些装饰，如果空间较小，则应以满足实用功能为主。
- 会客区：会客区是客厅的焦点，一般都设有背景墙或电视墙，通过造型与灯光渲染客厅的气氛。会客区的主要家具是沙发与茶几，沙发要舒适美观，其颜色要与周围环境融为一体；茶几则用于摆放烟灰缸、茶杯、糖果等。电视与音响通常位于沙发的对面，电视机的高度保持在人的视平线之下，以避免收视疲劳。
- 用餐区：如果没有单独的餐厅，往往都会将客厅划分出一块空间作为用餐区。当客厅与餐厅兼容一体时，在空间区域上应该使用相应的处理方法区分两个不同的功能空间，如在顶部落差、地毯铺设等方面做明显的处理。

7.1.2　客餐厅的色彩和照明设计

由于客餐厅在家居装饰中的重要地位，它的色彩设计决定了整个居室的风格和基调。客餐厅的色调主要通过地面、墙面和顶面来体现，而装饰品、家具的色彩则起着调剂和补充的作用。通常情况下，客餐厅的色调要根据装修风格和业主的喜好来确定，如图 7-3 所示。

图 7-3　客餐厅的色调

一般来说，颜色不应该太多，要有一个主色调，原则上不超过三种颜色，避免产生"乱"的感觉。如果客餐厅中设计了背景墙，则应该以背景墙与地板的颜色为中心颜色，其他颜色均作为配色使用。

客餐厅的灯光有两个功能：实用性和装饰性。实用性是针对某局部空间而设定的，例如客厅是家人和朋友日常活动频繁的场所，会友、看电视、游戏等都会在客厅空间内进行，而餐厅是家人共同活动和招待好友的一个重要场所，所以灯光设计必须保证恰当的照明条件。

7.1.3　家具和饰物

客餐厅家具和陈设要根据需要按照功能设置，不求面面俱到，但要做到协调统一、美观大方，如图 7-4 所示。

图 7-4　家具和饰物

沙发的类型按蒙式结构可分为单件全包蒙式、单件出木扶手式及单体组合布列式等，按座位分有单人沙发、双人沙发、三人沙发等。单件全包式沙发多采用扶手外翻全包制结构，体积大，其外围宽度通常在 800~1000mm 之间。这种形式的沙发较占面积，但坐感丰厚宽松，有气派，适合空间宽敞的客餐厅使用。

单件出木扶手沙发是以坐垫、靠背为包蒙制作的，腿脚扶手为外露的木质结构，其外围宽度在 700mm 左右，深度一般在 680~750mm 之间，形体小巧秀丽，占地面积小，但坐感略低于全包蒙式，适合空间较小的客餐厅使用。

单体组合布列式沙发是以单体拼装组合陈列的，每件单体宽约在 480~550mm 之间，深度在 700mm 左右，座与座之间不留空隙，只要空间允许可连续排列组合布置。这种组合式沙发对小面积居室来讲，是一种非常实用且不失美观的组合形式。

茶几造型可长、可方、可成三角形、多边形或曲边形等，结构可以是框架式，也可是箱体式、板架式等。但在尺度上，长度应与沙发尺寸有个适度的比例，一般考虑到入座者方便放茶具即可。茶几的高度通常在 400~500mm 之间。

电视柜的高度一般为 400~600mm 之间，电视机摆放处一般呈外凸状，深度在 500~700mm 之间，两侧深度在 350~450mm 之间。

客餐厅中的饰物多以字画、古玩、花草、装饰画为主，用户可以根据自己的审美需要进行摆设，尽可能地体现自己的个性、爱好和品味。合理的摆设可以在简约中品味个性，在亮丽中感受温馨。

7.2　创建摄影机并检查模型

7.2.1　创建摄影机

本场景采用标准摄影机来充当场景的相机。

STEP 01　打开本书配套配套资源中的"客餐厅阳光效果白模.max"，按快捷键 T 切换至顶视图，在"创建"面板中的"摄影机"面板选择"标准"，单击"目标"按钮，在场景中创建一个目标摄影机，如图 7-5 所示。

STEP 02　按快捷键 F 切换至前视图，右击"移动"工具按钮 ✛，利用"移动变换输入"精确调整好摄影机的高度，如图 7-6 所示。

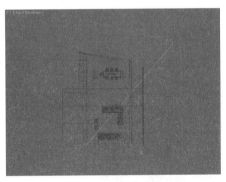

图 7-5　创建目标摄影机

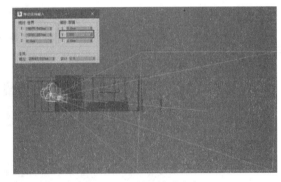

图 7-6　调整摄影机的高度

STEP 03　保持在前视图中，选择目标点，调整其位置，如图 7-7 所示。

STEP 04　在"修改"面板中对摄影机的参数进行修改，如图 7-8 所示

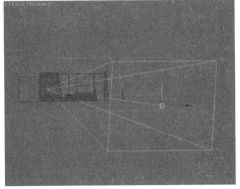

图 7-7　调整摄影机目标点

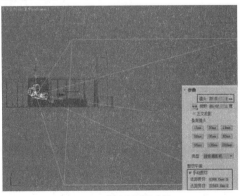

图 7-8　修改摄影机参数

STEP 05 选择目标摄影机，单击鼠标右键，在弹出的列表中选择"应用摄影机校正修改器"，修正摄影机角度偏差，如图 7-9 所示。这样，目标摄影机就放置好了，再切换到摄影机视图，如图 7-10 所示。

图 7-9　修正摄影机

图 7-10　摄影机视图

7.2.2　设置测试参数

在检查模型之前，先对渲染参数进行设置。

STEP 01 按快捷键 F10 打开"渲染设置"对话框，选择其中的"公用"选项卡，然后进入"指定渲染器"卷展栏，在弹出的"选择渲染器"对话框中选择 V-Ray 渲染器，再单击"确定"按钮完成渲染器的调用，如图 7-11 所示。

图 7-11　调用渲染器

STEP 02 在"V-Ray"选项卡中展开"全局控制"卷展栏，取消勾选"隐藏灯光"复选框，如图 7-12 所示。

STEP 03 切换至"图像采样器（抗锯齿）"卷展栏，设置"类型"为"块"，取消勾选"图像过滤器"，如图 7-13 所示。

STEP 04 在"GI"选项卡中展开"全局照明 GI"卷展栏，勾选"启用 GI"，设置"二次引擎"为"灯光缓存"方式，如图 7-14 所示。

STEP 05 展开"发光贴图"卷展栏，设置"当前预设"为"非常低"，调节"细分值"为 20，勾选"显示计算阶段"和"显示直接光"两个复选框，如图 7-15 所示。

图 7-12　设置全局开关参数

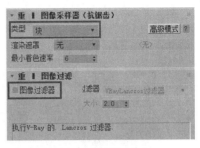

图 7-13　设置图像采样参数

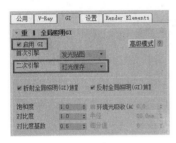

图 7-14　开启全局照明

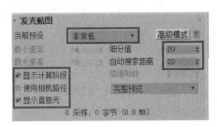

图 7-15　设置发光贴图参数

专家提醒

预设测试渲染参数是根据自己的经验和计算机本身的硬件配置得到的一个相对较低的渲染设置，并不是固定参数，读者可以根据自己的情况进行设定。

STEP 06 展开"灯光缓存"卷展栏，设置"细分值"为 200、"自动搜索距离"为 5，勾选"显示计算阶段"复选框，如图 7-16 所示。

STEP 07 展开"系统"卷展栏，设置"序列"为"顶→底"，其参数设置如图 7-17 所示。

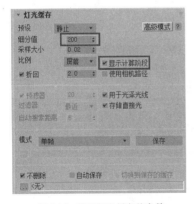

图 7-16　设置灯光缓存的参数

图 7-17　设置系统卷展栏参数

其他参数保持默认即可，这里的设置主要是为了更快地渲染出场景，以便检查场景中的模型、材质和灯光是否有问题，所以用的都是低参数。

7.2.3 模型检查

测试参数设置好后，下面对模型进行检查。

STEP 01 按快捷键 M 打开"材质编辑器"面板，然后选择一个空白材质球，单击"Standard"按钮 Standard ，再将材质切换为"VRayMtl"材质，如图 7-18 所示。

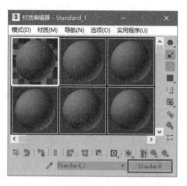

图 7-18　切换材质类型

STEP 02 在 VRayMtl 材质参数面板中单击"漫反射"的颜色色块，如图 7-19 所示调整好参数值，完成用于检查模型的素白材质的制作。

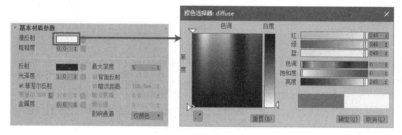

图 7-19　设置漫反射颜色

STEP 03 材质制作完成后，按快捷键 F10 打开"渲染设置"面板并展开"全局控制"卷展栏，如图 7-20 所示将材质拖拽关联复制到"覆盖材质"通道上。

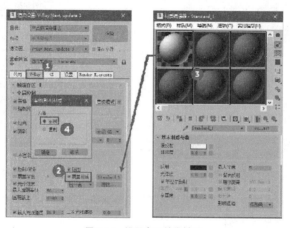

图 7-20　设置全局替代材质

STEP 04　在"环境"卷展栏中设置"GI（全局照明）环境"选项组的"倍增"值为 1，如图 7-21 所示。

STEP 05　切换至"公用"选项卡，对"输出大小"进行设置，如图 7-22 所示。

图 7-21　设置 VRay 环境　　　　　　　　　　图 7-22　设置输出参数

这样，场景的基本材质以及渲染参数就设置完成了，接下来单击"渲染产品"按钮 进行渲染，结果如图 7-23 所示。

专家提醒

在做模型检查的时候，要把窗帘和窗户玻璃模型隐藏掉，让天光能够照射进来。

7.3　设置场景主要材质

在真实的物理世界中，材质是物体对象表现出的物理属性，它包含了基本色彩、光线反射、光线吸收、透光能力以及表面光滑度等，所以在设置材质的时候，读者应该对现实存在的对象进行观察。

本场景材质完成效果与材质制作顺序如图 7-24 所示，可以看出主要对木纹及布料材质进行了集中表现，接下来学习这些材质详细的制作方法。

图 7-23　场景测试渲染结果　　　　　　　　　图 7-24　场景材质完成效果与材质制作顺序

7.3.1　乳胶漆材质

在物理世界中，乳胶漆表面看上去是一个比较平整、颜色比较白的材质，而靠近仔细观察时会发现，上面有很多不规则的凹凸和划痕，下面根据它的特点来调节材质。

STEP 01　切换材质球为"VRayMtl"材质类型，设置"漫反射"颜色的"亮度"值为 214，"反射"的颜色值为 50，"光泽度"值为 0.55，并勾选"菲涅尔反射"复选框，调节"菲涅尔 IOR"为 0.5，如图 7-25 所示。

STEP 02　展开"贴图"卷展栏，在"凹凸"通道里添加一张"位图"贴图，用来模拟墙面凹凸不平的效果，如图 7-26 所示。

图 7-25　设置漫反射和反射参数

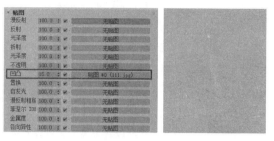

图 7-26　添加凹凸贴图

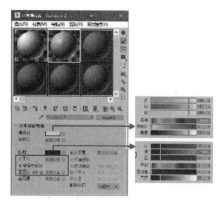

STEP 03　选择场景中的顶棚对象，单击"将材质指定给选定对象"按钮 ，赋予其材质，结果如图 7-27 所示。

图 7-27　乳胶漆效果

7.3.2　地毯材质

本实例中使用的地毯是布料材质的一种类型，它的表面相对比较粗糙，基本没有反射现象，且有一层白茸茸的感觉，下面根据它的特点来调节材质。

STEP 01　按快捷键 M 打开"材质编辑器"面板，选择一个空白材质球，单击"Standard"按钮 Standard 将材质切换为"混合"材质类型。单击"材质 1"右侧的通道，将默认的标准材质切换为"VRayMtl"材质球类型，如图 7-28 所示。

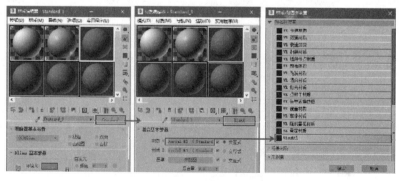

图 7-28　切换材质类型

STEP 02 单击"漫反射"右侧的"贴图通道"按钮█，为它添加一张"衰减"贴图，设置"衰减类型"为
"Fresnel"，为"前:侧"中的贴图通道加载两张"位图"贴图，并调整其坐标参数，如图 7-29 所示。

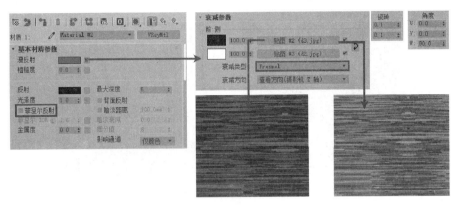

图 7-29 设置漫反射参数

STEP 03 返回至"混合"材质，依照同样的方法，将"材质 2"的材质切换为"VRayMtl"材质类型，然后
单击"漫反射"右侧的"贴图通道"按钮█，为它添加一张"衰减"贴图，设置衰减方式为"垂直/平行"，
为"前:侧"中的贴图通道加载两张"位图"贴图，如图 7-30 所示。

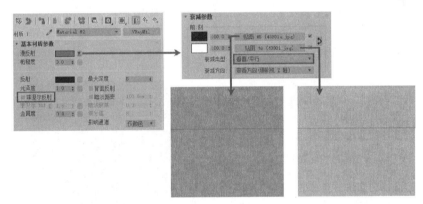

图 7-30 添加衰减贴图

STEP 04 再次返回至"混合"材质面板，单击"遮罩"右侧的贴图通道，添加一张"位图"贴图来控制它
们的混合量，如图 7-31 所示。

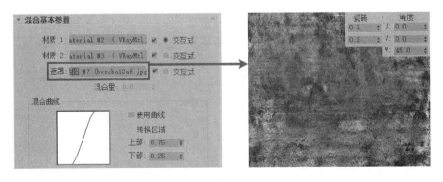

图 7-31 添加遮罩贴图

STEP 05 调节好地毯材质以后，单击"将材质指定给选定对象"按钮，为场景中的地毯对象赋予材质，图 7-32 所示为地毯材质效果。

图 7-32　地毯材质效果

7.3.3 木地板材质

这里要表现的地板是一种表面相对光滑、反射又很细腻的木地板材质，其参数设置如下。

STEP 01 按快捷键 M 打开"材质编辑器"面板，选择一个空白材质球，单击"Standard"按钮 Standard 将材质切换为"VRayMtl"材质类型，单击"漫反射"右侧的"贴图通道"按钮，为它添加一张"位图"贴图。设置"反射"选项组中的"光泽度"值为 0.45，如图 7-33 所示。

图 7-33　木地板材质效果

STEP 02 展开"贴图"卷展栏，在"反射"通道里添加一张"衰减"贴图来模拟木地板的反射效果，如图 7-34 所示。

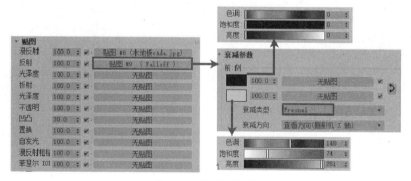

图 7-34　添加衰减贴图

STEP 03　调节好木地板材质以后，单击"将材质指定给选定对象"按钮 ，为场景中的地面对象赋予材质，如图 7-35 所示为木地板材质效果。

图 7-35　木地板材质效果

⏰ 专家提醒

木地板使用 Falloff（衰减）来控制反射效果，可以更好地表现真实物理世界中木地板由远及近不断衰减的特性。

7.3.4　布沙发材质

布艺沙发材质一般不具有反射效果，且表面比较粗糙。

STEP 01　按快捷键 M 打开"材质编辑器"面板，选择一个空白材质球，单击"Standard"按钮 Standard ，将材质切换为"Blend"材质类型。单击"材质1"右侧的通道，将默认的标准材质切换为"VRayMtl"材质球类型，如图 7-36 所示。

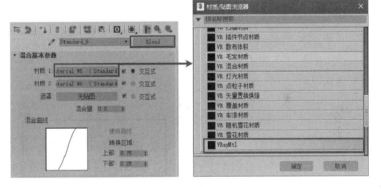

图 7-36　切换材质类型

STEP 02　在 VRayMtl 材质面板中单击"漫反射"右侧的"贴图通道"按钮 ，为它添加一张"衰减"贴图，设置衰减方式为"垂直/平行"，为"前:侧"中的贴图通道加载两张"位图"贴图。设置"反射"的颜色值为 50，"光泽度"值为 0.5，并勾选"菲涅尔反射"，调节"菲涅尔 IOR"为 2.0，如图 7-37 所示。

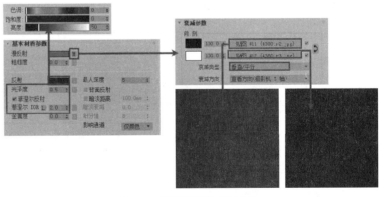

图 7-37　设置漫反射和反射参数

STEP 03 返回至"混合"材质面板，依照同样的方法，将"材质2"的材质切换为"VRayMtl"材质类型，然后单击"漫反射"右侧的"贴图通道"按钮，为它添加一张"衰减"贴图，设置衰减方式为"垂直/平行"，为"前:侧"中的贴图通道加载两张"位图"贴图，如图7-38所示。

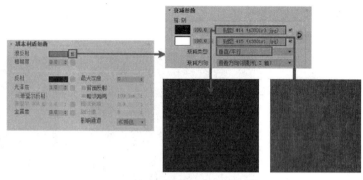

图7-38 设置材质2参数

STEP 04 再次返回至"混合"材质面板，单击"遮罩"右侧的贴图通道，添加一张"位图"贴图来控制它们的混合量，如图7-39所示。

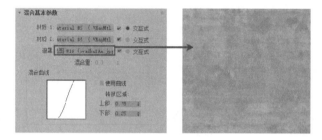

图7-39 添加遮罩贴图

STEP 05 调节好沙发材质以后，单击"将材质指定给选定对象"按钮，为场景中的沙发对象赋予材质，图7-40所示为沙发材质效果。

图7-40 沙发材质效果

7.3.5 茶几材质

本例中的茶几使用的是白漆材质，具有表面相对光滑、材质反射较弱、高光较小的特点。

STEP 01 在"材质编辑器"面板中选择一个空白材质球，并切换为"VRayMtl"材质类型，设置"漫反射"颜色的"亮度"值为240，调节高光"光泽度"值为0.7，为"反射"加载一张"衰减"贴图，设置"衰减类型"为"Fresnel"，如图7-41所示。

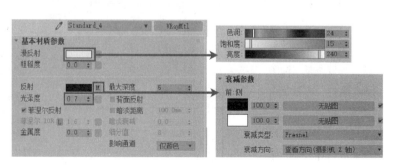

图7-41 设置基本参数

STEP 02 完成茶几白漆材质的调节，单击"将材质指定给选定对象"按钮 赋予对象材质，效果如图 7-42 所示。

图 7-42　茶几材质

7.3.6　窗帘材质

窗帘材质一般都是布料材质，根据采光需要，一般可以分为不透光和透光两种形式，本案例中使用的是不透光的窗帘。

STEP 01 选择一个空白材质球，将材质切换为"VRayMtl"材质类型，单击"漫反射"的"贴图通道"按钮 ，添加一张"衰减"贴图，并进入贴图面板，分别在"前:侧"的两个贴图通道中添加"位图"贴图，设置衰减方式为"垂直/平行"，如图 7-43 所示。

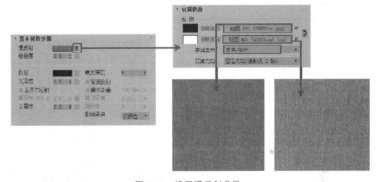

图 7-43　设置漫反射参数

STEP 02 简单调节完窗帘材质，单击"将材质指定给选定对象"按钮 赋予对象材质，效果如图 7-44 所示。

图 7-44　窗帘材质效果

7.3.7　塑钢材质

塑钢是一种非常普遍的建筑材料，其表面光滑，带有菲涅尔反射、高光相对较小的特点。

STEP 01 按快捷键 M 打开"材质编辑器"面板,选择一个空白材质球,单击"Standard"按钮 Standard 将材质切换为"VRayMtl"材质类型,设置"漫反射"的"亮度"值为 8,"光泽度"值为 0.37,如图 7-45 所示。

图 7-45　设置漫反射参数

STEP 02 展开"贴图"卷展栏,在"反射"通道里添加一张"衰减"贴图来模拟塑钢的反射效果,如图 7-46 所示。

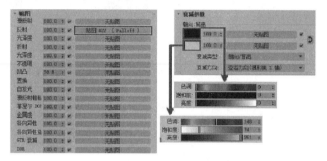

图 7-46　添加衰减贴图

STEP 03 调节好塑钢材质以后,单击"将材质指定给选定对象"按钮 ,为场景中的窗框对象赋予材质,如图 7-47 所示为塑钢材质效果。

图 7-47　塑钢材质效果

7.4　灯光设置

7.4.1　灯光布置分析

　　本场景是一个客餐厅一体的场景,具有大型落地窗,家具造型简单时尚,其主要表现对象为沙发和镜头远处的餐厅区域,图 7-48 所示为场景布置图。

　　根据上面的结构分析,我们可以确定,场景以白天自然光照射比较充足的时候表现为佳,室内光源对沙发和餐厅区域进行次要照明,再在适当的地方增加些光源进行辅助照明。接下来将对场景中的灯光进行设置。

图 7-48　场景布置图

7.4.2 设置背景

首先对室外背景进行设置,这样可以让场景与外部看起来更协调一点。

STEP 01 按快捷键 M 打开"材质编辑器"面板,选择一个空白材质球,单击"Standard"按钮 Standard 将材质切换为"VR 灯光材质"材质类型。单击"颜色"右侧的贴图通道,添加一张"位图"贴图来控制背景光,如图 7-49 所示。

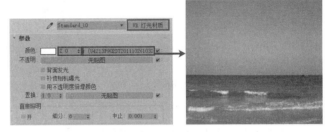

图 7-49 设置 VRay 灯光材质

STEP 02 将设置好的背景材质赋予场景中的对象,切换到摄影机视图,在"修改"命令面板中为它添加"UVWmap(UVW 贴图)"修改器,调整好室外背景的位置,如图 7-50 所示。

图 7-50 室外背景

7.4.3 设置自然光

场景中几个大型的落地窗,是光线透过窗户照亮场景的重要部分,所以设置好自然光对本案例来说尤为重要。

1. 设置太阳光

在有阳光的场景中,太阳光是最重要的,设置好灯光的角度以及灯光产生的阴影效果都是重点。

STEP 01 在"灯光创建"面板 中选择"标准"类型,单击"目标聚光灯"按钮,在视图中创建一盏目标聚光灯,如图 7-51 所示。

图 7-51 设置太阳光

STEP 02 选择创建好的太阳光，在"修改"命令面板中对其参数进行调整，如图 7-52 所示。

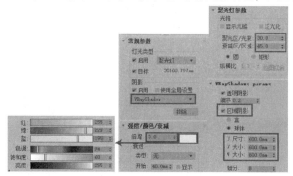

图 7-52 设置太阳光参数

STEP 03 按快捷键 C 切换至摄影机视图，单击"渲染产品"按钮 ，观察添加了太阳光后的效果，如图 7-53 所示。

图 7-53 太阳光效果

2. 创建天光

STEP 01 在"灯光创建"面板 中选择"VRay"类型，单击"VRayLight"按钮，将灯光类型设置为"穹顶"，在顶视图中任意位置处创建一盏"穹顶"类型的 VRay 灯光，如图 7-54 所示。

图 7-54 创建天光

STEP 02 创建好灯光后，在"修改"命令面板中对其参数进行调整，如图 7-55 所示。

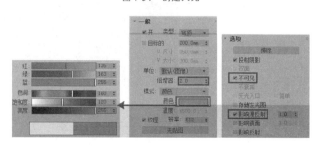

图 7-55 设置 VRay 半球光参数

STEP 03 再次单击"VRayLight"
按钮，将灯光类型设置为"平面"
类型，然后在视图窗户位置处创
建面平光，如图 7-56 所示。

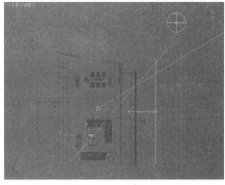

图 7-56　创建 VRay 平面光

STEP 04 在"修改"命令面板中，
对 VRay 平面光的参数进行调
整，如图 7-57 所示。

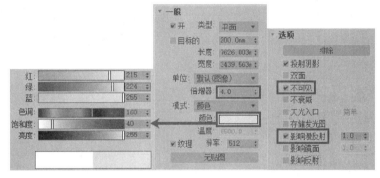

图 7-57　设置 VRay 平面光参数

STEP 05 选择 VRay 平面光，以
"复制"的方式创建出另一盏面
光源，参数保持不变，如图 7-58
所示。

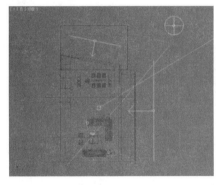

图 7-58　复制 VRay 平面光

STEP 06 单击"渲染产品"按钮
，观察设置好的天光效果，如
图 7-59 所示。

图 7-59　天光效果

7.4.4 布置室内光源

在接受了室外光照后，整个室内场景已经基本被照亮，下面通过增加室内灯光来加强灯光的强度和效果。

STEP 01 在"灯光创建"面板中选择"光度学"类型，单击"目标灯光"按钮，在视图中创建一个"目标灯光"，然后复制得到其他位置的灯光，如图 7-60 所示。

图 7-60　布置室内光源

STEP 02 选择一个"目标灯光"，对它的参数进行调整，如图 7-61 所示。

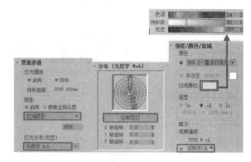

图 7-61　设置目标灯光参数

🕐 **专家提醒**

场景使用的目标灯光参数是一致的，在布置好一盏目标灯光后，其他位置的灯光可以"实例"复制的方法来创建，这样在调整参数的时候，便于把所有灯光一起修改。

STEP 03 按快捷键C切换至摄影机视图，单击"渲染产品"按钮，观察添加了室内光后的效果，如图 7-62 所示。

图 7-62　添加室内光源后的效果

7.4.5 局部补光

可以看到设置了室内光源后，场景中的灯光效果很好很丰富，一般情况下得到这样的效果就可以渲染最终图像了。这里为了使场景的效果更加丰富，为场景添加部分局部补光。

STEP 01 利用场景中的灯光，使用复制功能在如图 7-63 所示的位置处布置一个平面灯光。

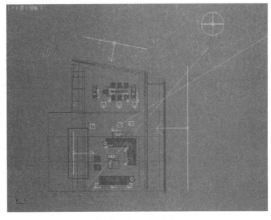

图 7-63　布置补光

STEP 02 在吊灯位置处，创建一个 VRay 球灯阵列来模拟灯光的效果，如图 7-64 所示。

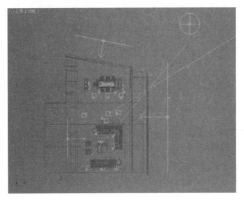

图 7-64　布置吊灯灯光

STEP 03 选择复制出来的平面光，调整其参数，如图 7-65 所示。

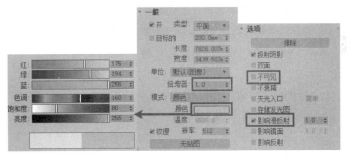

图 7-65　调整平面光参数

STEP 04 选择创建的 VRay 球灯，在"修改"命令面板对它的参数进行调整，如图 7-66 所示。

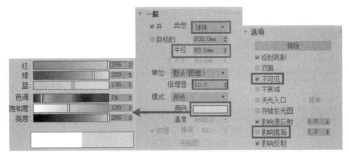

图 7-66　调整 VRay 球灯参数

STEP 05 在添加完补光后，再次单击"渲染产品"按钮，观察场景整体的灯光效果，如图 7-67 所示。

图 7-67　灯光效果

⏰ **专家提醒**

本例中的灯光设置，是笔者经过反复调节和测试才得到的，读者在学习过程中也应对不同参数值进行调节，观察不同参数值的效果，等熟练掌握不同程度的灯光属性值后，一次性就可以将场景中所有的灯光布置完成，这样可以为渲染节省不少时间。

7.5　创建光子图

在材质和灯光效果得到确认后，下面将为场景的最终渲染做准备。

7.5.1　提高细分值

STEP 01 进行材质细分的调整，将材质细分值设置相对高一些可以避免光斑、噪波等现象的发生，因此在"反射"选项组中将所讲解到的主要材质的"细分"值增大，一般设置为 20~24 即可，如图 7-68 所示。

STEP 02 同样将场景内所有 VRay 灯光类型的"细分值"设置为 24，然后在"VRayShadows params"卷展栏中将其他灯光类型的"细分"值设置为 24，如图 7-69 所示。

图 7-68　提高材质细分

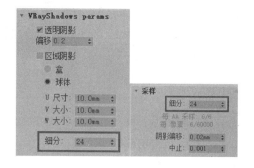

图 7-69　提高灯光细分

7.5.2　调整渲染参数

下面来调节光子图的渲染参数。

STEP 01 按快捷键 F10 打开"渲染面板"，在"公用"选项卡中设置"输出尺寸"的参数，如图 7-70 所示。

STEP 02　在"V-Ray"选项卡中展开"全局控制"卷展栏，勾选"不渲染最终图像"，如图 7-71 所示。

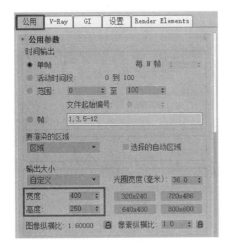

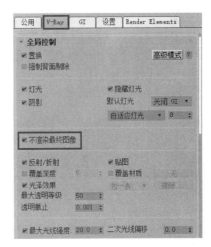

图 7-70　设置输出尺寸　　　　　　　　　图 7-71　设置全局控制参数

专家提醒

光子图一般要求不小于成图尺寸的四分之一，例如成图准备渲染成 1600×1200，光子图尺寸设置为 400 ×300 比较合适。

STEP 03　切换至"图像采样器（抗锯齿）"卷展栏，选择"渐进"类型，勾选"图像过滤器"复选框，并选择"Mitchell-Netravali"过滤器，如图 7-72 所示。

STEP 04　展开"发光贴图"卷展栏，设置"当前预设"为"中等"，调节"细分值"为 60，勾选"显示计算阶段"和"显示直接光"两个复选框，其他参数设置如图 7-73 所示。

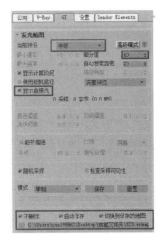

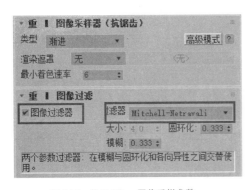

图 7-72　设置 VRay 图像采样参数　　　　图 7-73　设置发光贴图参数

专家提醒

单击"On render end（渲染结束后）"选项组中的"浏览"按钮可以设置光子保存的路径。

STEP 05　展开"灯光缓存"卷展栏，设置"细分值"为 1200，设置其他参数如图 7-74 所示。

STEP 06　展开"系统"卷展栏，设置参数如图 7-75 所示。

图 7-74 设置灯光缓存参数

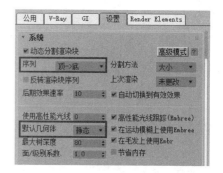

图 7-75 设置"系统"卷展栏参数

STEP 07 光子图渲染参数调整完成后，返回摄影机视图进行光子图渲染，渲染完成后打开"发光贴图"与"灯光缓存"卷展栏，查看是否成功保存并已经调用了计算完成的光子图，如图 7-76 所示。

图 7-76 发光贴图和灯光缓存光子图的调用

7.6 最终输出渲染

光子图渲染完成后，下面将对整个场景做最终输出渲染。

STEP 01 按快捷键 F10 打开"渲染设置"对话框，在"公用"选项卡中设置"输出大小"的参数，为 1600 × 1000，如图 7-77 所示。

STEP 02 展开"全局控制"卷展栏，取消勾选"不渲染最终图像"，如图 7-78 所示。

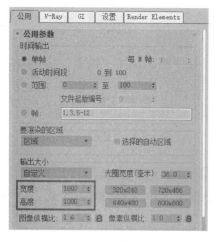

图 7-77 设置输出尺寸

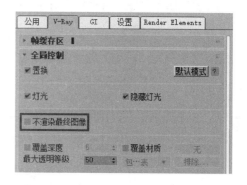

图 7-78 取消勾选"不渲染最终图像"复选框

在渲染光子图时，可以将所有参数都设置好，这样在最终输出渲染时只设置几个步骤就可以对场景进行最终的渲染。

其他的参数保持渲染光子图阶段的设置即可。接下来就可以直接渲染成图了，经过几个小时的渲染，最终渲染效果如图 7-79 所示。

图 7-79　最终渲染效果

7.7　色彩通道图

渲染色彩通道图主要是为了在 Photoshop 软件中更好地选择所需要的区域。其制作方法多种多样，在后期的使用中非常快捷和方便。在这里只介绍最为常用的方法，就是使用插件来制作色彩通道。

STEP 01 选择场景中所有的灯光并删除。在"选择渲染器"对话框中设置渲染器为"扫描线渲染器"，如图 7-80 所示。

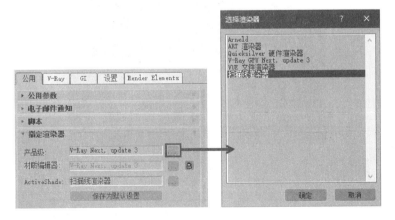

图 7-80　设置输出渲染器

STEP 02 在菜单栏的"脚本"中选择"运行脚本"命令，弹出"选择编辑文件"对话框，这时运行配套资源提供的"材质通道主程序.mse"文件，就可以将场景的对象转化为纯色材质对象，如图 7-81 所示。

图 7-81　选择文件

STEP 03　在弹出的对话框中单击"是"按钮，完成材质的转换，如图 7-82 所示。

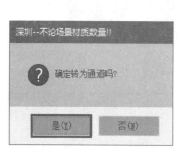

图 7-82　转换材质

STEP 04　保持在摄影机视图，单击"渲染产品"按钮 ，将色彩通道渲染出来，如图 7-83 所示。

图 7-83　最终渲染效果

7.8　Photoshop 后期处理

渲染完毕后，需要对图像进行后期的处理，对效果图做最后的调整。

STEP 01　使用 Photoshop 打开渲染后的色彩通道和最终渲染图，如图 7-84 所示。

STEP 02　将两张图像合并在一个窗口中，如图 7-85 所示。

图 7-84　打开图像文件

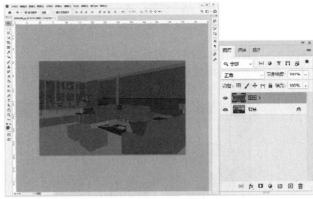

图 7-85　合并图像窗口

STEP 03　仔细观察渲染的图，可以看到图片有些暗，对比度不够强烈，整体颜色有点偏冷，窗户处缺乏泛光，下面针对这些情况来进行修改。

STEP 04　选择"背景"图层，按 Ctrl+J 组合键将其复制一份，并关闭"色彩通道"所在的图层 1，选择"背景副本"图层，按 Ctrl+M 组合键打开"曲线"对话框，调整图像的亮度和对比度，如图 7-86 所示。

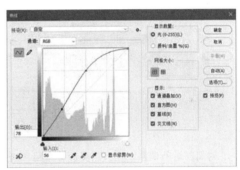

图 7-86　调整图像的亮度和对比度

STEP 05　按 Ctrl+U 组合键，打开"色相/饱和度"对话框，调整整体的饱和度，如图 7-87 所示。

图 7-87　调整整体的饱和度

STEP 06 执行"图像"→"调整"→"照片滤镜"命令，在弹出的对话框中设置滤镜为"冷却滤镜（80）"，"密度"为10%，如图7-88所示。

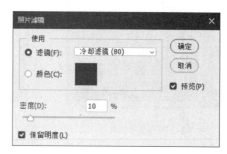

图7-88　添加滤镜

STEP 07 按Ctrl+B组合键，打开"色彩平衡"对话框，调整图像的暖色调，如图7-89所示。

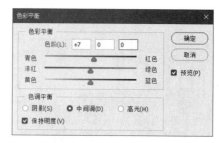

图7-89　调节色彩平衡

STEP 08 对局部进行调整。在"图层 1"中用"魔棒"工具选择小沙发部分，返回"背景副本"图层，按Ctrl+J组合键复制出新的图层，再按Ctrl+U组合键打开"色相/饱和度"对话框，调整小沙发的饱和度，如图7-90所示。

图7-90　调整小沙发的饱和度

STEP 09　在"图层 1"中用"魔棒"工具选择沙发部分，返回"背景副本"图层，按 Ctrl+J 组合键复制出新的图层，按 Ctrl+M 组合键打开"曲线"对话框，调整沙发的亮度，如图 7-91 所示。

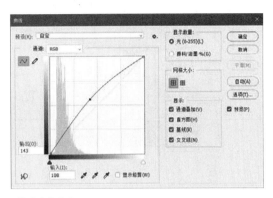

图 7-91　调整沙发的亮度

STEP 10　在"图层 1"中用"魔棒"工具选择背景部分，返回"背景副本"图层，按 Ctrl+J 组合键复制出新的图层，再按 Ctrl+M 组合键打开"曲线"对话框，调整它的亮度，如图 7-92 所示。

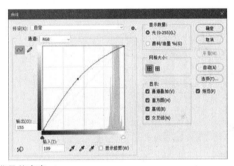

图 7-92　调整背景的亮度

STEP 11　处理窗户处的泛光，在色彩通道所在的图层中选择窗帘和窗户区域，按 Ctrl+Shift+N 组合键复制一个新的图层，使用"油漆桶"工具将它填充为白色调，如图 7-93 所示。

图 7-93　创建新的图层

STEP 12　执行"滤镜"→"模糊"→"高斯模糊"命令，在弹出的"高斯模糊"对话框中设置"半径"值为 100，如图 7-94 所示。

图 7-94　执行高斯模糊

STEP 13　设置"图层 5"的"不透明度"为 40，这样泛光就完成了，如图 7-95 所示。

STEP 14　按 Ctrl+Alt+Shift+E 组合键，合并所有图层到其他图层最上方，再按 Ctrl+S 组合键保存 PSD 文件，并导出一张 JPEG 格式图像完成 Photoshop 的后期处理，如图 7-96 所示。

图 7-95　设置不透明度　　　　　　　　　　图 7-96　保存文件

STEP 15　到这里本场景的制作就结束了，希望广大读者，能通过学习总结出适合自己的制作方式，最终效果如图 7-97 所示。

图 7-97　最终效果

第 8 章

卧室夜景效果

卧室的设计与布置讲究色调温馨柔和，使人有亲切感和放松感。本章将制作的是一个欧式风格的卧室，为了突出温馨浪漫的卧室气氛，可以将室外月光和室内灯光相结合，通过冷暖色调的对比和烘托，使卧室宁静、舒适的气氛得到淋漓尽致的展现。

08

8.1　卧室的设计要点

根据使用者的不同，卧室通常可分为主卧室、客卧室、儿童房等。通常，一套居室中主卧室面积最大，是设计的重点。根据我国目前的经济现状，卧室的面积通常为 20~100 ㎡。在设计卧室时，应根据空间结构发挥创意，同时应注意以下几点：

1、合理划分空间。卧室的功能比较复杂，一方面，它必须满足休息和睡眠的基本要求；另一方面，它要满足休闲、工作、梳妆和卫生保健等综合需求。根据这些原则，卧室可再分为睡眠、休闲、梳妆、贮藏等区域，有条件的卧室还可包括读写、单独的卫生间和户外活动等区域。

2、适度造型设计。随着人们生活水平的不断提高，越来越多的人喜欢设计有个性的床背景墙，使整个卧室显得新颖别致。需要注意的是，卧室的造型设计不宜过于复杂，应以简单而不空洞为原则，避免破坏卧室应有的安静与放松的气氛。

3、恰当运用色彩。卧室是用于睡眠与休息的空间，色彩宜淡雅。一般情况下，墙面、地面、天花板等形成卧室主色调，床、衣柜、窗帘形成优雅的配色，同时还可以用床罩、窗帘、靠垫等软装饰物的色彩与质地来营造室内气氛。

4、艺术化的照明。卧室的照明设备可以根据各功能区域的需要与造型风格加以配置，如床头可以放一台能灵活调整高度和亮度的台灯，以满足在床头读书看报的需要，入睡前可调暗，夜晚开着，保留一丝光线，也不浪费电。

5、合理的家具匹配。床、床头柜、休息椅、衣物柜是卧室的必备家具。根据卧式面积大小和个人需求，可设置梳妆台、工作台、矮柜等。室内应陈设一些表现个性特点的饰品。在选择卧室家具时，可以考虑整套购买，以避免家具之间搭配不合理的现象。

8.2　创建摄影机并检查模型

8.2.1　创建摄影机

本场景采用标准摄影机取景。

STEP 01　打开配套资源中的"卧室夜景效果白模.max"，按快捷键 T 切换至顶视图，在"摄影机"面板中选择"标准"，单击"目标"按钮，在场景中创建一个"目标摄影机"，如图 8-1 所示。

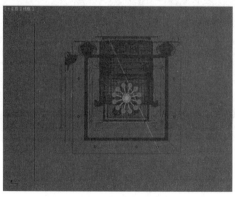

图 8-1　创建摄影机

STEP 02　按快捷键 L 切换至左视图，右击"移动"工具按钮 ✛，在"移动变换输入"对话框中调整好摄影机的高度，如图 8-2 所示。

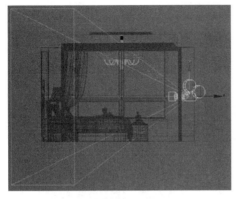

图 8-2　调整摄影机高度

STEP 03　在"修改"面板中对摄影机的参数进行修改，如图 8-3 所示。

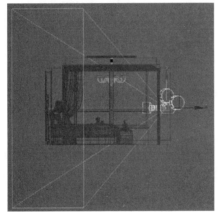

图 8-3　修改摄影机参数

STEP 04　这样，目标摄影机就放置好了，切换到摄影机视图，效果如图 8-4 所示。

图 8-4　摄影机视图

8.2.2　设置测试参数

在检查模型之前，先对渲染参数进行设置。

STEP 01 按快捷键 F10 打开"渲染设置"对话框，选择其中的"公用"选项卡，然后进入"指定渲染器"卷展栏，再在弹出的"选择渲染器"对话框中选择 V-Ray 渲染器，然后单击"确定"按钮完成渲染器的调用，如图 8-5 所示。

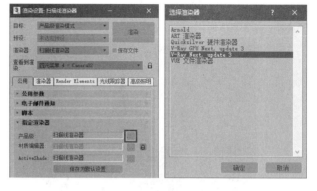

图 8-5　调用渲染器

STEP 02 在"V-Ray"选项卡中展开"全局控制"卷展栏，取消勾选"隐藏灯光"，如图 8-6 所示。

图 8-6　设置全局控制参数

STEP 03 切换至"图像采样器（抗锯齿）"卷展栏，设置类型为"块"，取消勾选"图像过滤器"，如图 8-7 所示。

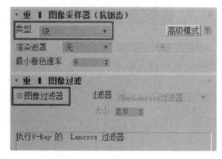

图 8-7　设置图像采样参数

STEP 04 在"GI"选项卡中展开"全局照明 GI"卷展栏，勾选"启用 GI"复选框，设置"二次引擎"为"灯光缓存"方式，如图 8-8 所示。

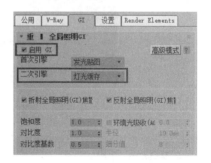

图 8-8　开启 GI

STEP 05 展开"发光贴图"卷展栏，设置
"当前预设"为"非常低"，调节"细分值"
和"自动搜索距离"为 20，勾选"显示计
算阶段"和"显示直接光"两个复选框，
如图 8-9 所示。

图 8-9 设置发光贴图参数

专家提醒

预设测试渲染参数是根据自己的经验和计算机本身的硬件配置得到的一个相对较低的渲染设置，并不
是固定参数，读者可以根据自己的情况进行设定。

STEP 06 展开"灯光缓存"卷展栏，设置"细分值"为 200，勾选"显示计算阶段"，如图 8-10 所示。

STEP 07 展开"系统"卷展栏，设置"序列"为"顶→底"，其参数设置如图 8-11 所示。

图 8-10 设置灯光缓存的参数

图 8-11 设置"系统"卷展栏参数

其他参数保持默认即可，这里的设置主要是为了更快地渲染出场景，以便检查场景中的模型、材质和
灯光是否有问题，所以用的都是低参数。

8.2.3 模型检查

测试参数设置好后，下面对模型进行检查。

STEP 01 按快捷键 M 打开"材质编辑器"面板，然后选择一个空白材质球，单击"Standard"按钮 Standard ，
将材质切换为"VRayMtl"材质，如图 8-12 所示。

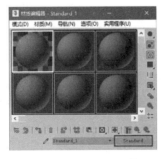

图 8-12 切换材质类型

STEP 02 在 VRayMtl 材质参数面板中单击"漫反射"的颜色色块，如图 8-13 所示调整好参数值，完成用于检查模型的素白材质的制作。

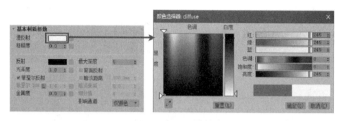

图 8-13　设置漫反射颜色

STEP 03 材质制作完成后，按快捷键 F10 打开"渲染设置"面板并展开"全局控制"卷展栏，将材质拖曳关联复制到"覆盖材质"通道上，如图 8-14 所示。

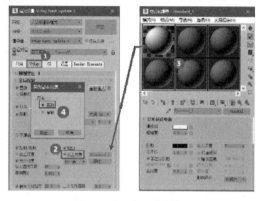

图 8-14　设置全局替代材质

STEP 04 在"环境"卷展栏中设置"GI（全局照明）环境"选项组的"倍增"值为 1，如图 8-15 所示。

STEP 05 再切换至"公用"选项卡，对"输出大小"进行设置，如图 8-16 所示。

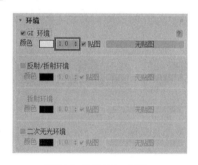

图 8-15　设置 VRay 环境

图 8-16　设置输出参数

这样，场景的基本材质以及渲染参数就设置完成了，接下来单击"渲染产品"按钮 进行渲染，如图 8-17 所示。

8.3　设置场景主要材质

本案例主要对卧室中的床单布料、木地板以及家具材质进行表现，下面我们来讲解如何逐步创建出真实、自然的卧室材质，如图 8-18 所示。

图 8-17　场景测试渲染结果

图 8-18　场景材质的制作顺序

8.3.1　乳胶漆材质

乳胶漆表面看上去是一个比较平整、颜色比较白的材质，但放大仔细观察时会发现，上面有很多不规则的凹凸和划痕，下面根据它的特点来调节材质。

STEP 01 切换材质球为"VRayMtl"材质类型，设置"漫反射"颜色的"亮度"值为 240，"反射"的颜色值为 25，"光泽度"值为 0.6，并勾选"菲涅尔反射"复选框，如图 8-19 所示。

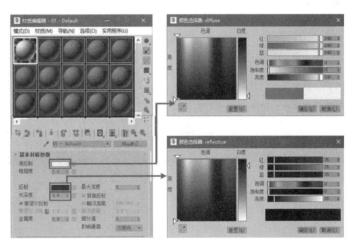

图 8-19　设置漫反射和反射参数

STEP 02 展开"贴图"卷展栏，在"凹凸"通道里添加一张"位图"贴图，用来模拟墙面的凹凸不平，如图 8-20 所示。

图 8-20　添加贴图

207

STEP 03　选择场景中的天花对象，单击"将材质指定给选定对象"按钮 ⁺⁑，赋予其材质，如图 8-21 所示。

图 8-21　乳胶漆效果

8.3.2　木地板材质

这里要表现的地板是一种表面相对光滑、反射又很细腻的木地板材质，其参数设置如下。

STEP 01　按快捷键 M 打开"材质编辑器"面板，选择一个空白材质球，单击"Standard"按钮 Standard ，将材质切换为"VRayMtl"材质类型，并单击"漫反射"右侧的"贴图通道"按钮 ，为它添加一张"位图"贴图。设置"反射"选项组中的"光泽度"值为 0.8，如图 8-22 所示。

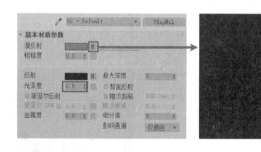

图 8-22　设置漫反射和反射参数

STEP 02　展开"贴图"卷展栏，在"反射"通道里添加"衰减"贴图，用来模拟反射效果，如图 8-23 所示。

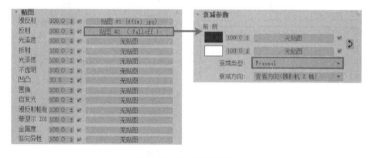

图 8-23　添加衰减贴图

STEP 03　调节好木地板材质以后，单击"将材质指定给选定对象"按钮 ⁺⁑，赋予给场景的地面对象，图 8-24 所示为木地板材质效果。

图 8-24　木地板材质效果

8.3.3 背景墙面材质

本例中的背景墙面用两种材质来表现，但都属于布的一种类型，一般不具有反射效果，且表面比较粗糙。

1. 主背景墙面

STEP 01 按快捷键 M 打开"材质编辑器"面板，选择一个空白材质球，单击"Standard"按钮 Standard 将材质切换为"Blend"材质类型。单击"材质 1"右侧的通道，将默认的标准材质切换为"VRayMtl"材质球类型，如图 8-25 所示。

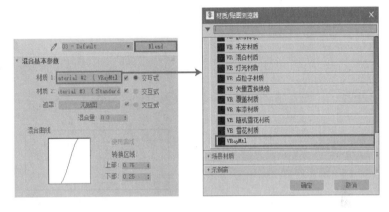

图 8-25　切换材质类型

STEP 02 在 VRayMtl 材质面板中单击"漫反射"右侧的"贴图通道"按钮，为它添加一张"衰减"贴图，设置衰减类型为"垂直/平行"，为"前:侧"中的贴图通道加载两张"位图"贴图。设置"光泽度"值为 0.5，并勾选"菲涅尔反射"复选框，调节"菲涅尔 IOR"为 2.0，如图 8-26 所示。

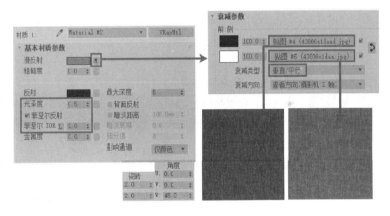

图 8-26　设置漫反射和反射基础参数

STEP 03 展开"贴图"卷展栏，在"反射"通道里添加一张"衰减"贴图，用来模拟反射效果，如图 8-27所示。

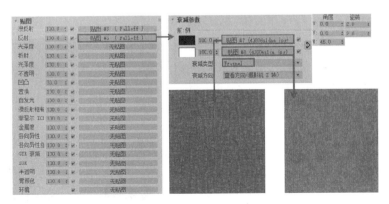

图 8-27　添加衰减贴图

STEP 04 返回至"混合"材质面板。依照同样的方法,将"材质2"的材质切换为"VRayMtl"材质类型,然后单击"漫反射"右侧的"贴图通道"按钮■,为它添加一张"衰减"贴图,设置衰减类型为"垂直/平行",为"前:侧"中的贴图通道加载两张"位图"贴图,如图8-28所示。

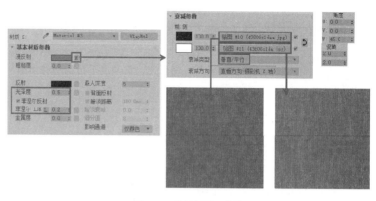

图 8-28　设置材质 2 参数

STEP 05 展开"贴图"卷展栏,在"反射"通道里添加一张"衰减"贴图,用来模拟反射效果,如图8-29所示。

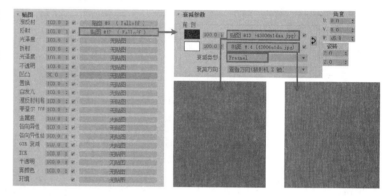

图 8-29　添加衰减贴图

STEP 06 返回至"混合"材质面板,单击"遮罩"右侧的"贴图通道"按钮■,添加一张"位图"贴图来控制它们的混合量,如图8-30所示。

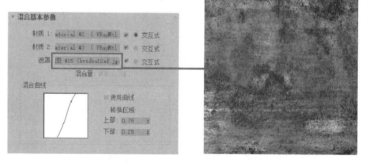

图 8-30　添加遮罩贴图

STEP 07 调节好主背景墙材质以后,单击"将材质指定给选定对象"按钮 ,将材质赋予给场景中的背景对象,图8-31所示为主背景墙面材质的效果。

图 8-31　主背景墙面材质效果

2．侧背景墙面材质

STEP 01　选择一个空白材质球，将材质切换为"VRayMtl"材质类型，单击"漫反射"右侧的"贴图通道"
按钮　，添加一张"位图"贴图，如图 8-32 所示。

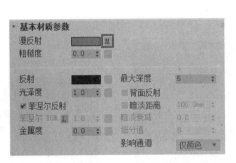

图 8-32　添加贴图

STEP 02　将调节好的背景墙材质赋予给场景中的背景对象，图 8-33 所示为侧背景墙面材质效果。

图 8-33　侧背景墙面材质效果

8.3.4　木纹材质

　　现实中木纹材质表面相对光滑，且带有菲涅尔反射效果，有一定的纹理凹凸，高光相对较小，下面根
据它的特点来调节材质。

STEP 01　按快捷键 M 打开"材质编
辑器"面板，选择一个空白材质球，
单击"Standard"按钮 Standard 将材
质切换为"VRayMtl"材质类型，单
击"漫反射"右侧的"贴图通道"
按钮　，为它添加一张"位图"贴
图。设置"反射"选项组中的"光
泽度"值为 0.5，如图 8-34 所示。

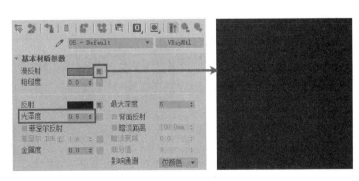

图 8-34　设置漫反射基本参数

STEP 02 在"贴图"卷展栏"反射"通道里添加一张"衰减"贴图,用来模拟木纹的反射效果,如图 8-35 所示。

图 8-35 添加"衰减"贴图

STEP 03 选择场景中的木纹对象,单击"将材质指定给选定对象"按钮 赋予材质,如图 8-36 所示。

图 8-36 木纹材质效果

8.3.5 沙发材质

布艺的沙发材质,一般不具有反射效果,且表面比较粗糙。

STEP 01 按快捷键 M 打开"材质编辑器"面板,选择一个空白材质球,单击"Standard"按钮 Standard 将材质切换为"Blend"材质类型。单击"材质 1"右侧的通道,将默认的标准材质切换为"VRayMtl"材质类型,如图 8-37 所示。

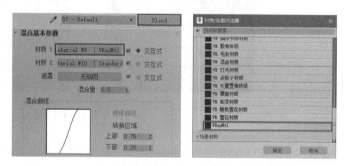

图 8-37 选择 VRayMtl 材质

STEP 02 在 VRayMtl 材质面板中,单击"漫反射"右侧的"贴图通道"按钮 ,为它添加一张"衰减"贴图,其他参数保持默认即可,如图 8-38 所示。

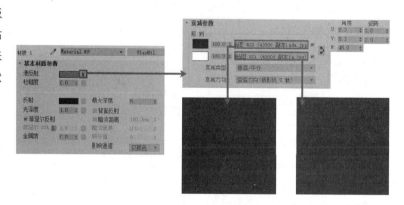

图 8-38 为漫反射添加衰减贴图

STEP 03 返回至"混合"材质面板，依照同样的方法，将"材质 2"的材质切换为"VRayMtl"材质类型，单击"漫反射"右侧的"贴图通道"按钮▇，为它添加一张"衰减"贴图，设置衰减方式为"垂直/平行"，为"前：侧"中的贴图通道加载两张"位图"贴图。设置"反射"的颜色值为 50，"光泽度"值为 0.5，勾选"菲涅尔反射"，调节"菲涅尔 IOR"为 2.0，如图 8-39 所示。

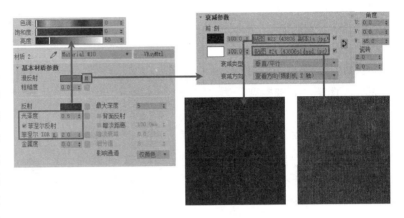

图 8-39　设置材质 2 参数

STEP 04 再次返回至"混合"材质面板，单击"遮罩"右侧的贴图通道，添加一张"位图"贴图，用来控制它们的混合量，如图 8-40 所示。

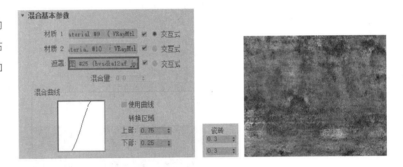

图 8-40　添加遮罩贴图

STEP 05 将调节好的沙发材质，赋予给场景中的沙发对象，图 8-41 所示为沙发材质效果。

图 8-41　沙发材质效果

8.3.6 床单材质

本实例中使用的床单为布料材质，它的表面相对比较粗糙，基本没有反射现象，且有一层白茸茸的感觉，下面根据它的特点来调节材质。

STEP 01 首先，将材质切换为"VRayMtl"材质类型，再单击"漫反射"右侧的"贴图通道"按钮 ，为它添加一张"衰减"贴图，设置"衰减类型"为"Fresnel"，调节"前:侧"的颜色值。设置"反射"的颜色值为25，"光泽度"值为0.5，勾选"菲涅尔反射"复选框，调节"菲涅尔 IOR"为2.0，如图8-42所示。

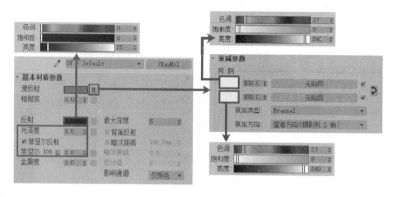

图 8-42 设置参数

STEP 02 在"贴图"卷展栏为"凹凸"添加贴图，用来模拟皮质的凹凸效果，如图8-43所示。

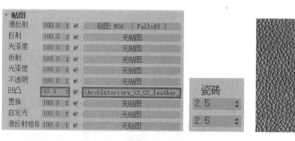

图 8-43 加载凹凸贴图

STEP 03 最终床单材质效果如图8-44所示。

图 8-44 床单材质效果

8.3.7 地毯材质

这里使用纹理贴图来模拟地毯材质。

STEP 01 将材质球切换为"VRayMtl"，为"漫反射"添加"位图"贴图，其他参数保持默认即可，如图8-45所示。

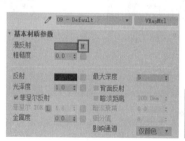

图 8-45 为漫反射添加贴图

STEP 02 在"贴图"卷展栏为
"置换"添加贴图,用来模拟
地毯的凹凸效果,如图 8-46 所
示。

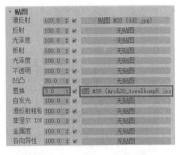

图 8-46 添加置换贴图

STEP 03 最终地毯材质效果
如图 8-47 所示。

图 8-47 地毯材质效果

8.3.8 灯罩材质

本场景中的灯罩材质具有半透明效果,且反射很弱,高光比较大,下面根据它的特点来设置材质。

STEP 01 切换材质类型为
"VRayMtl",为"漫反射"添
加一张"位图"贴图,如图 8-48
所示。

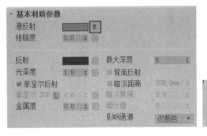

图 8-48 为漫反射添加位图贴图

STEP 02 在"折射"选项组
中,为"折射"添加一张"衰
减"贴图,设置"光泽度"值
为 0.7,勾选"影响阴影"复
选框,如图 8-49 所示。

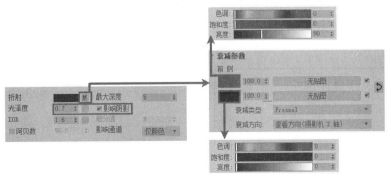

图 8-49 设置折射选项组参数

STEP 03 选择场景中的灯罩
对象，赋予其材质，图 8-50
所示为灯罩材质效果。

图 8-50　灯罩材质效果

这样场景中的主要材质就设置完成了，其他材质请参考配套资源中的文件，并结合现实中的物体对象的材质效果进行学习和揣摩，图 8-51 所示为本例所有的材质完成效果。

8.4　灯光设置

一般来说，卧室需要有很好的采光和通风，所以可以利用窗口的自然光来渲染，自然光对整个空间的影响就是从窗口向内的过渡，形成由亮向暗的变化，以及由冷向暖的变化。从整体上说，卧室气氛需采用偏暖色调，这样卧室才会显得比较舒适温馨，图 8-52 所示为场景布置图。

这里使用温馨的夜晚效果来表现本场景，所以室内的各种光源成了场景的主要照明光，而室外的天光作为辅助光源来使用。

图 8-51　材质完成效果　　　　　　　　　　　图 8-52　场景布置图

8.4.1　设置背景

首先对室外的背景进行设置，这样可以让场景与外部看起来更协调一些。

在"材质编辑器"面板中选择一个空白材质球，单击"Standard"按钮 Standard 将材质切换为"VR灯光材质"材质类型。然后单击"颜色"右侧的贴图通道，添加一张"位图"贴图来控制背景光，如图 8-53所示。

图 8-53　设置 VRay 灯光材质

8.4.2　创建天光

STEP 01 在"灯光创建"
面板中，选择"VRay"
类型，单击"VRayLight"
按钮，将灯光类型设置为
"平面"类型，然后在视
图窗户位置处创建面光
源，如图 8-54 所示。

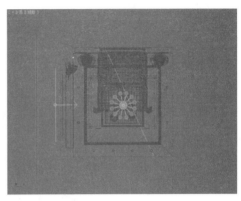

图 8-54　创建天光

STEP 02 创建好灯光
后，在"修改"命令面板
中，对它的参数进行调
整，如图 8-55 所示。

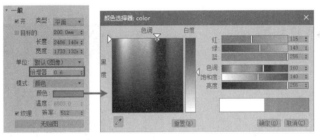

图 8-55　设置 VRay 平面灯光参数

STEP 03 单击"渲染产
品"按钮，观察设置
好的天光效果，如图 8-56
所示。

图 8-56　天光效果

8.4.3 布置室内光源

1. 创建平面光

STEP 01 在顶视图中建立一盏"VRay 灯光",选择灯光类型为"平面",位置如图 8-57 所示。

图 8-57 灯带布置位置

STEP 02 在"修改"命令面板中,对 VRay 平面光的参数进行调整,如图 8-58 所示。

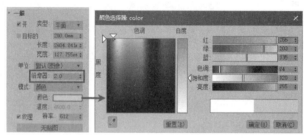

图 8-58 设置平面光参数

STEP 03 按快捷键 C 切换至摄影机视图,单击"渲染产品"按钮,观察添加灯带的效果,如图 8-59 所示。

图 8-59 添加灯带灯光后的效果

2. 布置室内点光源

STEP 01 在"灯光创建"面板中选择"光度学"类型,单击"目标灯光"按钮,在视图中创建一个"目标灯光",然后复制得到其他位置的灯光,如图 8-60 所示。

图 8-60 布置室内点光源

STEP 02 选择一个"目标灯光",对它的参数进行调整,如图 8-61 所示。

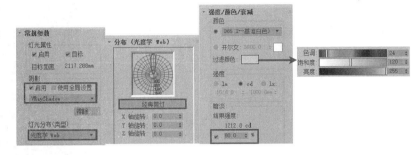

图 8-61 设置目标灯光参数

STEP 03 按快捷键 C 切换至摄影机视图,单击"渲染产品"按钮，观察添加室内点光的效果,如图 8-62 所示。

图 8-62 添加室内点光源后的效果

STEP 04 再次单击"目标灯光"按钮,在视图中创建一个目标灯光,然后复制得到其他位置的灯光,如图 8-63 所示。

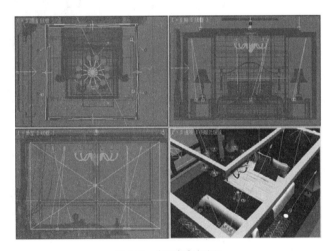

图 8-63 布置室内点光源

STEP 05 选择其中一个"目标灯光",对它的参数进行调整,如图 8-64 所示。

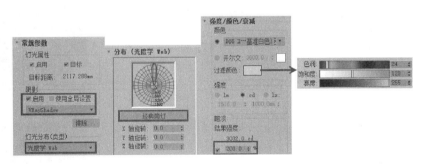

图 8-64 设置目标灯光参数

219

STEP 06 切换至摄影机视图，
单击"渲染产品"按钮，观
察添加了室内点光后的效果，
如图 8-65 所示。

图 8-65   室内点光源效果

3.   创建吊灯和台灯灯光

STEP 01 在台灯位置处创建
"VRay 球灯"来模拟台灯灯光，
如图 8-66 所示。

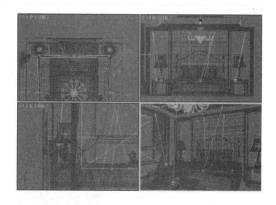

图 8-66   布置台灯灯光

STEP 02 调整 VRay 球灯参数，如
图 8-67 所示。

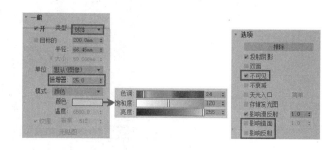

图 8-67   调整 VRay 球灯参数

STEP 03 台灯布置好后的灯光效
果如图 8-68 所示。

图 8-68   台灯效果

STEP 04 在吊灯位置处创建
"VRay 球灯"来模拟吊灯灯光，
如图 8-69 所示。

图 8-69　布置吊灯灯光

STEP 05 调整 VRay 球灯参数，如
图 8-70 所示。

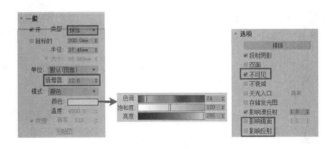

图 8-70　调整 VRay 球灯参数

STEP 06 按快捷键 C 切换至摄影
机视图，单击"渲染产品"按钮，
观察添加了吊灯后的画面效果，如
图 8-71 所示。

图 8-71　吊灯灯光效果

8.4.4　局部补光

可以看到在设置室内光源后，场景中的灯光效果很好，主要氛围也已经得到确认，不过仔细观察场景，
还有局部位置灯光照明不足的问题，下面来对场景进行补光。

STEP 01 在灯光面板中，
单击"VR 灯光"按钮，将
灯光类型设置为"平面"
类型，然后在床对面位置
处创建面光源，如图 8-72
所示。

图 8-72　布置局部补光

STEP 02 再次单击"VR
灯光"按钮，在吊灯下面
的位置创建面光源，如图
8-73 所示。

图 8-73　创建面光源

STEP 03 在添加完补光
后，再次单击"渲染产品"
按钮 🫖，观察场景整体的
灯光效果，如图 8-74 所示。

图 8-74　室内灯光效果

8.5　创建光子图

在材质和灯光效果得到确认后，下面将为场景的最终渲染做准备。

8.5.1　提高细分值

STEP 01 首先进行材质细分的调整，将材质细分设置相对高一些可以避免光斑、噪波等现象的产生，因此
前述的主要材质"反射"选项组中的"细分"值增大，一般设置为 20~24 即可，如图 8-75 所示。

STEP 02 同样将场景内所有 VRay 灯光类型的"细分值"设置为 24，然后在"VRayShadows params"卷展
栏中将其他灯光类型的"细分"值设置为 24，如图 8-76 所示。

图 8-75　提高材质细分　　　　　　　　　　图 8-76　提高灯光细分

8.5.2　调整渲染参数

下面来调节光子图的渲染参数。

STEP 01 按快捷键 F10 打开"渲染面板"，在"公用"选项卡中设置"输出大小"参数，如图 8-77 所示。

STEP 02 在"V-Ray"选项卡中展开"全局控制"卷展栏，勾选"不渲染最终图像"，如图 8-78 所示。

图 8-77　设置输出大小

图 8-78　设置"全局控制"卷展栏参数

STEP 03 切换至"图像采样器（抗锯齿）"卷展栏，选择"渐进"类型，勾选"图像过滤器"复选框，并选择"Mitchell-Netravali"过滤器，如图 8-79 所示。

STEP 04 展开"发光贴图"卷展栏，设置"当前预设"为"中等"，调节"细分"值为 60，勾选"显示计算阶段"和"显示直接光"两个复选框，如图 8-80 所示。

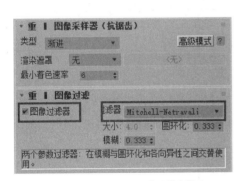

图 8-79　设置 VRay 图像采样参数

图 8-80　设置发光贴图参数

STEP 05 展开"灯光缓存"卷展栏，设置"细分值"为 1200，其他参数设置如图 8-81 所示。

STEP 06 展开"系统"卷展栏，设置参数如图 8-82 所示。

图 8-81　设置灯光缓存参数

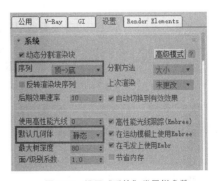

图 8-82　设置"系统"卷展栏参数

STEP 07　光子图渲染参数调整完成后，返回摄影机视图进行光子图渲染，渲染完成后打开"发光贴图"与"灯光缓存"卷展栏参数，查看是否成功保存并已经调用了计算完成的光子图，如图 8-83 所示。

图 8-83　发光贴图和灯光缓存光子图的调用

8.6　最终输出渲染

光子图渲染完成后，下面将对整个场景做最终输出渲染。

STEP 01　按快捷键 F10 打开"渲染设置"对话框，在"公用"选项卡中设置"输出大小"的参数，为 1280×1600，如图 8-84 所示。

STEP 02　展开"全局控制"卷展栏，取消勾选"不渲染最终图像"，如图 8-85 所示。

图 8-84　设置输出大小

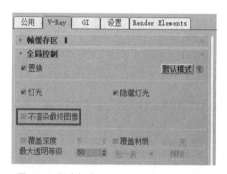

图 8-85　取消勾选"不渲染最终图像"复选框

其他的参数保持渲染光子图阶段的设置即可，接下来就可以直接渲染成图了，经过几个小时的渲染最终效果如图 8-86 所示。

图 8-86　最终渲染效果

8.7　色彩通道图

渲染色彩通道图主要是为了在 Photoshop 软件中更好地选择所需要的区域。这里介绍最为常用的方法，就是使用插件来制作色彩通道。

STEP 01 选择场景中所有的灯光并删除。在"选择渲染器"对话框中设置渲染器为"扫描线渲染器",如图 8-87 所示。

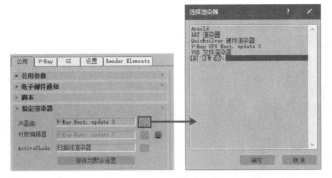

图 8-87　选择输出渲染器

STEP 02 在菜单栏的"脚本"中选择"运行脚本"命令,弹出"选择编辑文件"对话框,这时运行配套资源提供的"材质通道主程序.mse"文件,就可以将场景的对象转化为纯色材质对象,如图 8-88 所示。

图 8-88　选择编辑文件

STEP 03 在弹出的对话框中单击"是"按钮,完成材质的转换,然后单击"渲染产品"按钮 ,将色彩通道渲染出来,如图 8-89 所示。

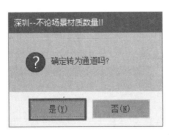 

图 8-89　色彩通道图

8.8　Photoshop 后期处理

渲染完毕后,下面就需要对图像进行后期的处理,对效果图做最后的调整。

STEP 01　使用 Photoshop 打开渲染后的色彩通道和最终渲染图，如图 8-90 所示。并将两张图像合并在一个窗口中，如图 8-91 所示。

图 8-90　打开图像文件　　　　　　　　　　　　　　图 8-91　合并图像窗口

STEP 02　仔细观察渲染的图，可以看到图片有些暗，还有对比度不够强烈，整体色调偏暖，局部饱和度过度等问题，下面根据这些情况来进行修改。

STEP 03　选择"背景"图层，按 Ctrl+J 组合键将其复制一份，并关闭"色彩通道"所在的图层 1，选择"背景副本"图层，按 Ctrl+U 组合键打开"色相/饱和度"对话框，调整整体的饱和度，如图 8-92 所示。

图 8-92　调整整体饱和度

STEP 04　按 Ctrl+M 组合键打开"曲线"对话框，调整它的亮度，如图 8-93 所示。

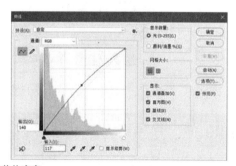

图 8-93　调整整体亮度

STEP 05　执行"图像"→"调整"→"亮度/对比度"命令，调整整体的对比度，如图 8-94 所示。

图 8-94　调整对比度

STEP 06　接着对局部进行调整，在"图层 1"中用"魔棒"工具选择床单部分，返回"背景副本"图层，按 Ctrl+J 组合键复制出新的图层，再按 Ctrl+U 组合键打开"色相/饱和度"对话框，调整它的饱和度，如图 8-95 所示。

图 8-95　调整床单饱和度

STEP 07　在"图层 1"中用"魔棒"工具选择天花部分，返回"背景副本"图层，按 Ctrl+J 组合键复制出新的图层，按 Ctrl+U 组合键打开"色相/饱和度"对话框，调整它的饱和度，如图 8-96 所示。

图 8-96　调整天花饱和度

STEP 08　在"图层 1"中用"魔棒"工具选择吊灯部分，返回"背景副本"图层，按 Ctrl+J 组合键复制出新的图层，按 Ctrl+M 组合键打开"曲线"对话框，调整它的亮度，如图 8-97 所示。

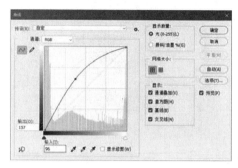

图 8-97　调整吊灯亮度

STEP 09　最后按 Ctrl+Alt+Shift+E 组合键合并所有图层到其他图层最上方，再按 Ctrl+B 组合键打开"色彩平衡"对话框，调整图像的冷暖色调，如图 8-98 所示。

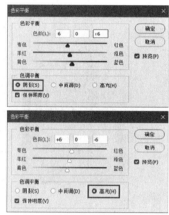

图 8-98　调节整体色彩平衡

STEP 10　最后按 Ctrl+S 组合键保存 PSD 文件，并导出一张 JPEG 格式图像完成 Photoshop 的后期处理，如图 8-99 所示。

图 8-99　保存文件

至此，本场景的制作就结束了，最终效果如图 8-100 所示。

图 8-100　最终效果

第 9 章

别致卫生间效果

卫浴设计是针对日常卫生活动空间的设计，从马桶到浴缸，从水龙头到洗手盆，这一切都在发生着变革。卫浴的发展也让我们感受着时代发展所带来的便利和生活品质的不断提高。卫生间功能从如厕、盥洗发展到按摩浴、美容、休息，目的是帮助人们消除疲劳，使身心得到放松。本章在遵循设计的基本要求外，更紧跟国际前沿的步伐，使用了不一样的材料和空间布置来完成实例。

09

9.1 创建摄影机并检查模型

9.1.1 创建摄影机

本场景采用标准摄影机。

STEP 01 打开配套资源中的"别致卫生间效果白模.max",按快捷键 T 切换至顶视图,在"摄影机"面板中选择"标准",单击"目标"按钮,在场景中创建一个"目标摄影机",如图 9-1 所示。

STEP 02 按快捷键 L 切换至左视图,右击"移动"工具按钮,在"移动变换输入"对话框中调整好摄影机的高度,如图 9-2 所示。

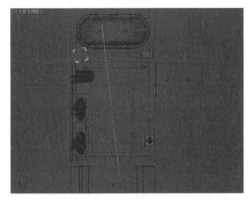

图 9-1　创建摄影机

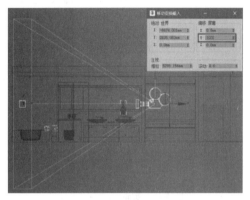

图 9-2　调整摄影机高度

STEP 03 在"修改"面板中对摄影机的参数进行修改,如图 9-3 所示。切换到摄影机视图,效果如图 9-4 所示。

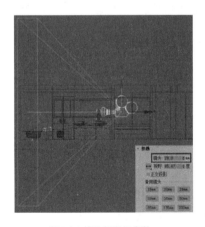

图 9-3　修改摄影机参数

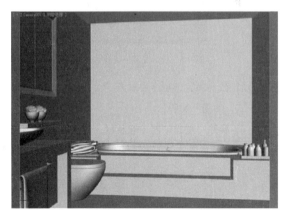

图 9-4　摄影机视图

9.1.2 设置测试参数

在检查模型之前,先对渲染参数进行设置。

STEP 01　按快捷键 F10 打开"渲染设置"对话框，选择其中的"公用"选项卡，然后进入"指定渲染器"卷展栏，再在弹出的"选择渲染器"对话框中选择 V-Ray 渲染器，然后单击"确定"按钮完成渲染器的调用，如图 9-5 所示。

图 9-5　选择渲染器

STEP 02　在"V-Ray"选项卡中展开"全局控制"卷展栏，取消勾选"隐藏灯光"复选框，如图 9-6 所示。

STEP 03　切换至"图像采样器（抗锯齿）"卷展栏，设置类型为"块"，取消勾选"图像过滤器"，如图 9-7 所示。

图 9-6　设置全局控制参数

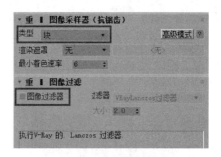

图 9-7　设置图像采样参数

STEP 04　在"GI"选项卡中展开"全局照明 GI"卷展栏，勾选"启用 GI"，设置"二次引擎"为"灯光缓存"方式，如图 9-8 所示。

STEP 05　展开"发光贴图"卷展栏，设置"当前预设"为"非常低"，调节"细分值"和"自动搜索距离"为 20，勾选"显示计算阶段"和"显示直接光"两个复选框，如图 9-9 所示。

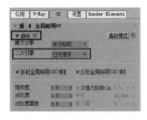

图 9-8　开启 GI

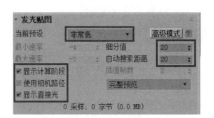

图 9-9　设置发光贴图参数

STEP 06　展开"灯光缓存"卷展栏，设置"细分值"为 200，并勾选"显示计算阶段"，如图 9-10 所示。

STEP 07 展开"系统"卷展栏，设置"序列"为"顶→底"，其他参数设置如图 9-11 所示。

图 9-10　设置灯光缓存的参数

图 9-11　设置"系统"卷展栏参数

　　其他参数保持默认值即可，这里的设置主要是为了更快地渲染出场景，以便检查场景中的模型、材质和灯光是否有问题，所以用的都是低参数。

9.1.3　模型检查

　　测试参数设置好后，下面对模型进行检查。

STEP 01 切换至"公用"选项卡，对"输出大小"进行设置，如图 9-12 所示。

STEP 02 在"环境"卷展栏中设置"GI（全局照明）环境"选项组的"倍增"值为 1，如图 9-13 所示。

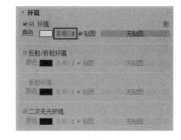

图 9-13　设置环境参数

图 9-12　设置输出大小

STEP 03 按快捷键 M 打开"材质编辑器"面板，然后选择一个空白材质球，单击"Standard"按钮 Standard 将材质切换为"VRayMtl"材质，如图 9-14 所示。

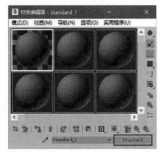

图 9-14　切换材质类型

233

STEP **04** 在 VRayMtl 材质参数面板中单击"漫反射"的颜色色块,如图 9-15 所示调整好参数值,完成用于检查模型的白色材质制作。

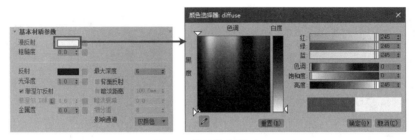

图 9-15 设置漫反射颜色

STEP **05** 按快捷键 F10 打开"渲染设置"面板并展开"全局控制"卷展栏,将材质拖拽关联复制到"覆盖材质"通道上,如图 9-16 所示。

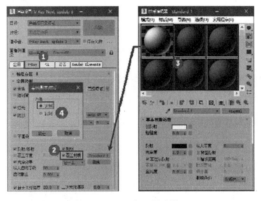

图 9-16 设置全局替代材质

这样,场景的基本材质以及渲染参数就设置完成了,接下来单击"渲染产品"按钮 进行渲染,如图 9-17 所示。

9.2 设置场景主要材质

下面按照如图 9-18 所示的编号逐个设置场景材质。

图 9-17 模型检查

图 9-18 材质制作顺序

9.2.1 乳胶漆材质

乳胶漆表面看上去是一个比较平整、颜色比较白的材质，下面根据它的特点来调节材质。

STEP 01 切 换 材 质 球 为 "VRayMtl"材质类型，设置 "漫反射"颜色的"亮度"值 为 240，"反射"的颜色值为 0， 如图 9-19 所示。

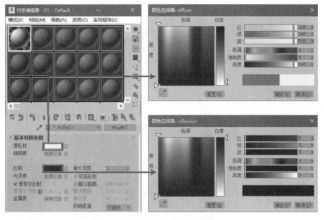

图 9-19 设置漫反射和反射颜色值

STEP 02 选择场景中的天花 对象，单击"将材质指定给选 定对象"按钮 ，赋予其材质， 如图 9-20 所示。

图 9-20 乳胶漆材质

9.2.2 黑色石材材质

本例中的石材具有黑色的自然纹理效果，还有高光较小和反射较强的特点。

STEP 01 选择"VRayMtl"材质球，设置"反射"颜色，调节"光泽度"值为 0.9，勾选"菲涅尔反射"复 选框，如图 9-21 所示。

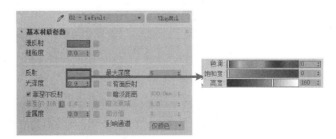

图 9-21 设置反射组参数

STEP 02 在贴图通道里为"漫反射"添加"位图"贴图，如图 9-22 所示。

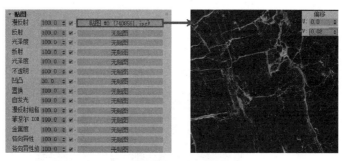

图 9-22　添加漫反射贴图

STEP 03　最终石材材质效果如图 9-23 所示。

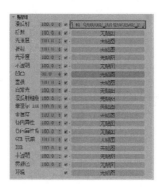
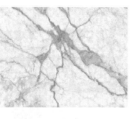

图 9-23　最终黑色石材材质效果

9.2.3　白色石材材质

本例中的白色石材同样具有一定的纹理效果，且具有高光较小和反射较强的特点。

STEP 01　切换"VRayMtl"材质球，设置"反射"颜色值为 255，调节"光泽度"值为 0.95，勾选"菲涅尔反射"复选框，如图 9-24 所示。

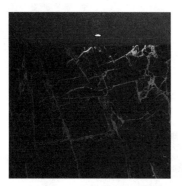

图 9-24　设置反射组参数

STEP 02　在贴图通道里为"漫反射"添加"位图"贴图，如图 9-25 所示。

图 9-25　添加漫反射贴图

STEP 03 最终石材材质效果如图
9-26 所示。

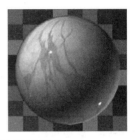

图 9-26　最终白色石材材质效果

9.2.4　马赛克材质

马赛克一般是由两种或两种以上不同颜色相间组合而成的，它具有高光较大、反射较弱的特点。

STEP 01 切换 "VRayMtl" 材质
球，设置 "反射" 颜色值为 150，
调节 "光泽度" 值为 0.85，勾选
"菲涅尔反射" 复选框，如图 9-27
所示。

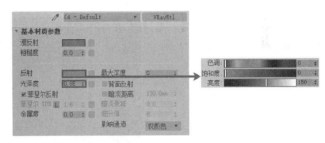

图 9-27　设置反射组参数

STEP 02 在贴图通道里为 "漫反
射" 添加 "位图" 贴图，如图 9-28
所示。

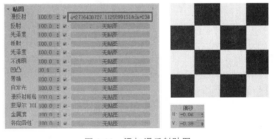

图 9-28　添加漫反射贴图

STEP 03 最终马赛克材质效果如
图 9-29 所示。

图 9-29　马赛克材质效果

9.2.5 白瓷材质

白瓷表面相对光滑且具有较强的反射效果和较小的高光。

STEP 01 选择 "VRayMtl" 材质球，设置 "漫反射" 的颜色值为 228，调整 "反射" 的颜色值为 255，"光泽度" 为 0.95，勾选 "菲涅尔反射" 复选框，如图 9-30 所示。

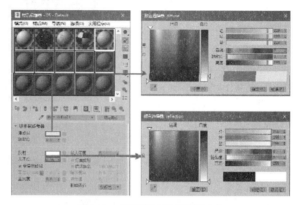

图 9-30 设置漫反射和反射颜色值

STEP 02 选择场景中瓷器对象并赋予其材质，最终效果如图 9-31 所示。

图 9-31 白瓷材质效果

9.2.6 玻璃材质

玻璃材质表现是否成功，主要决定于玻璃的通透感、反射、折射这几个重要的参数。下面我们通过 VRay 材质来进行模拟。

STEP 01 将材质球切换为 "VRayMtl" 材质类型，设置 "漫反射" 颜色的 "亮度" 值为 0，"反射" 的颜色值为 20，"光泽度" 值为 0.9，如图 9-32 所示。

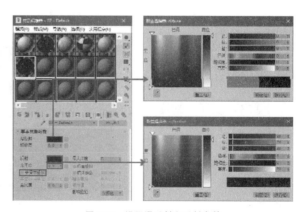

图 9-32 设置漫反射和反射参数

STEP 02 在 "折射" 选项组中，
设置 "折射" 的 "亮度" 的值为
232，"IOR" 的值为 1.53，勾选 "影
响阴影" 复选框，如图 9-33 所示。

图 9-33　设置折射组参数

STEP 03 单击 "材质编辑器" 面
板中的 "将材质指定给选定对象"
按钮，选择场景中的玻璃对
象，赋予其材质，图 9-34 所示为
玻璃效果。

图 9-34　玻璃材质效果

9.2.7　镜子材质

本例中的镜子用了多种材质，每种材质都代表不一样的反光效果，所以这里使用 "多维/子对象" 材质
类型来进行表达。

STEP 01 在 "材质编辑器" 面板
中，选择一个空白材质球，单击
"Standard" 按钮 [Standard] 并将材
质切换为 "多维/子对象" 材质类
型，如图 9-35 所示。

图 9-35　切换多维/子对象材质

STEP 02 将 ID1 材质类型切换为
"VRayMtl"，设置 "漫反射" 的
颜色值为 50，调整 "反射" 的颜
色值为 180，"光泽度" 为 0.9，设
置 "IOR" 值为 2.97，如图 9-36
所示。

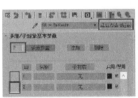

图 9-36　设置 ID1 材质参数

⏰ 专家提醒

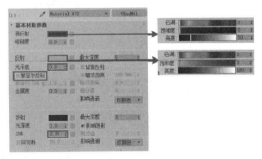

本例在设置材质的时候，已经设定好模型的 ID 序号，在设置 ID 序号时，需先选择模型的 "多边形"
对象，然后再设置其序号。

STEP 03 返回至最上层,将 ID2 材质类型切换为"VRayMtl",设置"漫反射"的颜色值为255,然后调整"反射"的颜色值为255,如图 9-37 所示。

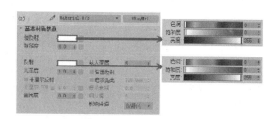

图 9-37 设置 ID2 材质参数

STEP 04 调节好材质后,为场景中的镜子对象赋予材质,效果如图 9-38 所示。

图 9-38 镜子材质效果

9.2.8 黑漆材质

本例中使用的黑漆材质具有表面相对光滑、材质反射较弱、高光较小的特点。

STEP 01 在"材质编辑器"面板中选择一个空白材质球,并切换为"VRayMtl"材质类型,设置"漫反射"颜色的"亮度"值为40,"反射"的颜色的"亮度"值为50,调节"光泽度"值为0.85,勾选"菲涅尔反射"复选框,如图 9-39 所示。

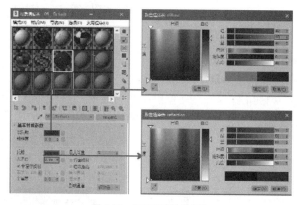

图 9-39 设置黑漆材质参数

STEP 02 完成黑漆材质的参数调节后,单击"将材质指定给选定对象"按钮,赋予对象材质,如图 9-40 所示。

图 9-40 黑漆材质

本例主要材质的介绍就讲解到这里,其他相关材质请读者参考案例源文件,图 9-41 所示为本例最终材质的效果。

9.3　灯光设置

9.3.1　灯光布置分析

本实例是一个卫浴空间，场景造型简洁，是一个封闭的空间，在材质选择上用了多种石材材质，主要是为了体现空间大气磅礴、奢华的感觉，图 9-42 所示为场景顶面布置图。

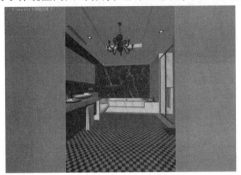

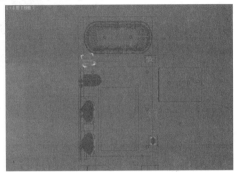

图 9-41　最终材质效果　　　　　　　　　图 9-42　场景顶面布置图

根据上面的分析可以确定，场景需以室内光来表现，通过点灯和灯带来完成整个场景的灯光效果制作。

9.3.2　布置灯带灯光

STEP 01　首先布置顶棚上的两处灯带灯光，在顶视图中创建"VRay 灯光"，选择灯光类型为"平面"，如图 9-43 所示。

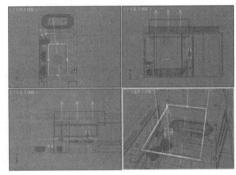

图 9-43　创建 VRay 平面光

STEP 02　选择 VRay 平面光，在"修改"命令面板对它的参数进行调整，如图 9-44 所示。

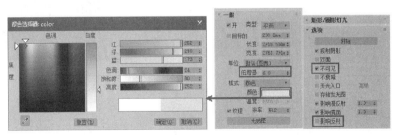

图 9-44　设置 VRay 平面光参数

STEP 03 在顶棚另一位置处创建"VRay 平面光",其位置如图 9-45 所示。

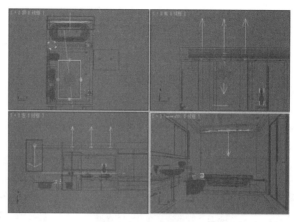

图 9-45 创建平面光

STEP 04 选择 VRay 平面光,在"修改"命令面板对它的参数进行调整,如图 9-46 所示。

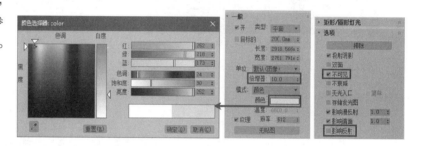

图 9-46 设置平面光参数

STEP 05 按快捷键 C 切换至摄影机视图,单击"渲染产品"按钮,观察添加了顶棚平面光后的效果,如图 9-47 所示。

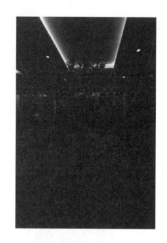

图 9-47 顶棚灯带效果

9.3.3 布置镜前灯

STEP 01 在顶视图中建立一盏 VRay 灯光,选择灯光类型为"平面",位置如图 9-48 所示。

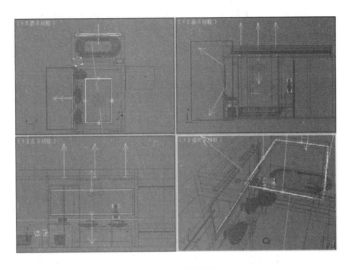

图 9-48　布置镜前灯

STEP 02　选择一盏 VRay 平面光，在"修改"命令面板对它的参数进行调整，如图 9-49 所示。

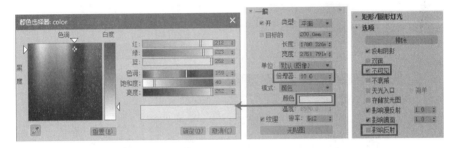

图 9-49　设置镜前灯灯光参数

STEP 03　在摄影机视图中观察镜前灯光的效果，如图 9-50 所示。

图 9-50　镜前灯带效果

9.3.4　布置洗手台其他平面灯光

STEP 01　在如图 9-51 所示的位置处，创建两盏"VRay 灯光"，选择灯光类型为"平面"。

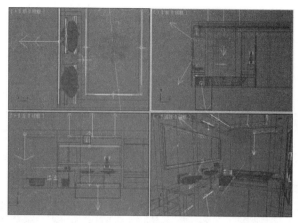

图 9-51　布置其他平面光

STEP 02 　分别选择不同的 VRay 平面光，在"修改"命令面板对它的参数进行调整，如图 9-52 所示。

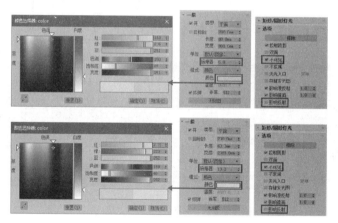

图 9-52　设置 VRay 平面光参数

STEP 03 　这样基本平面就布置完成了，切换到摄影机视图观察平面的效果，如图 9-53 所示。

图 9-53　灯带灯光效果

9.3.5　布置点光源

STEP 01 　在"灯光创建"面板 中，选择"光度学"类型，单击"目标灯光"按钮，在视图中创建一个目标灯光，然后复制得到其他位置的灯光，如图 9-54 所示。

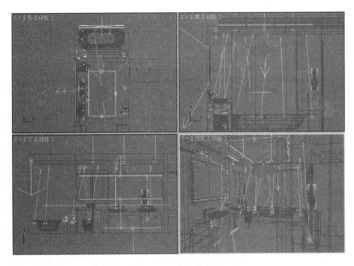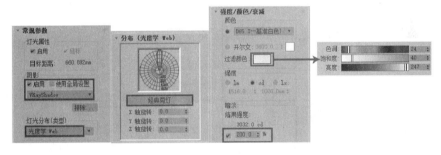

图 9-54　布置点光源

STEP 02 选择一个"目标灯光"，对它的参数进行调整，如图 9-55 所示。

图 9-55　设置目标灯光参数

STEP 03 按快捷键 C 切换至摄影机视图，单击"渲染产品"按钮 ，观察添加了点光源后的效果，如图 9-56 所示。

图 9-56　添加点光源后的效果

专家提醒

场景使用的目标灯光参数是一致的，在布置好一盏目标灯光时，其他位置灯光以"实例"复制的方法来创建，这样在调整参数的时候，便于把所有灯光一起修改。

9.3.6　创建吊灯灯光

STEP 01　在吊灯位置处创建 "VRay 球灯"，用来模拟吊灯灯光，如图 9-57 所示。

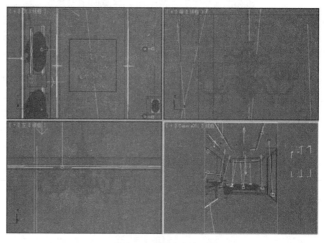

图 9-57　布置吊灯灯光

STEP 02　调整 VRay 球灯参数，如图 9-58 所示。

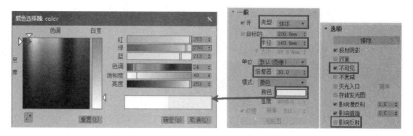

图 9-58　调整灯光参数

STEP 03　按快捷键 C 切换至摄影机视图，单击 "渲染产品" 按钮，观察添加了吊灯后的效果，如图 9-59 所示。

图 9-59　吊灯灯光效果

9.3.7　创建补光

STEP 01　单击 "VRayLight" 按钮，在吊灯下面的位置创建面光源，如图 9-60 所示。

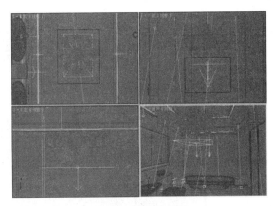

图 9-60　布置吊灯补光

STEP 02　选择创建出来的平面光并调整它的参数，如图 9-61 所示。

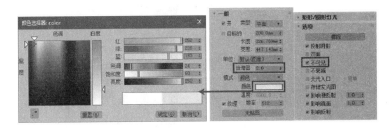

图 9-61　调整平面光参数

STEP 03　再次单击"VRayLight"按钮，将灯光类型设置为"平面"类型，然后在摄影机位置处创建面光源，如图 9-62 所示。

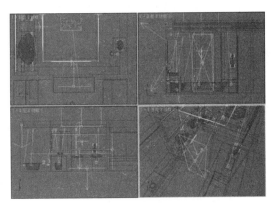

图 9-62　布置平面补光

STEP 04　保持平面的选择状态，并调整它的参数，如图 9-63 所示。

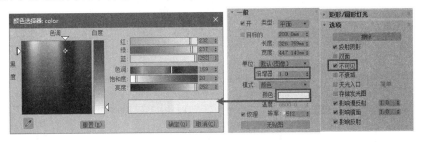

图 9-63　灯光参数

STEP 05 利用场景中的灯光，使用复制功能在如图 9-64 所示的位置处布置点光源灯光。

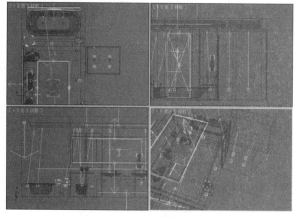

图 9-64　复制灯光

STEP 06 在添加完补光后，再次单击"渲染产品"按钮，观察场景整体的灯光效果，如图 9-65 所示。

图 9-65　整个灯光效果

9.4　创建光子图

在材质和灯光效果得到确认后，下面将为场景的最终渲染做准备。

9.4.1　提高细分值

STEP 01 首先进行材质细分的调整，将材质细分设置相对高一些可以避免光斑、噪波等现象的产生，因此对讲解到的主要材质"反射"选项组中的"细分"值进行增大，一般设置为 20~24 即可，如图 9-66 所示。

STEP 02 同样将场景内所有 VRay 灯光类型的"细分值"设置为 24，然后在"VRayShadows params"卷展栏中将其他灯光类型的"细分"值设置为 24，如图 9-67 所示。

图 9-66　提高材质细分

图 9-67　提高灯光细分

9.4.2　调整渲染参数

下面来调节光子图的渲染参数。

STEP 01　按快捷键 F10 打开"渲染面板",在"公用"选项卡中设置"输出大小"的参数,如图 9-68 所示。

STEP 02　在"V-Ray"选项卡中展开"全局控制"卷展栏,勾选"不渲染最终图像",如图 9-69 所示。

图 9-68　设置输出大小

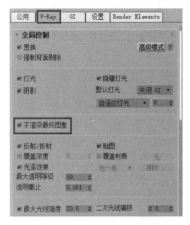

图 9-69　设置"全局控制"卷展栏参数

STEP 03　切换至"图像采样器(抗锯齿)"卷展栏,选择"渐进"类型,勾选"图像过滤器"复选框,并选择"Mitchell-Netravali"过滤器,如图 9-70 所示。

STEP 04　展开"发光贴图"卷展栏,设置"当前预设"为"中等",调节"细分"值为 60,勾选"显示计算阶段"和"显示直接光"两个复选框,如图 9-71 所示。

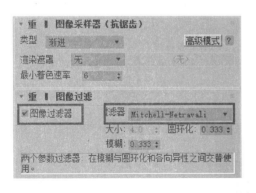

图 9-70　设置 VRay 图像采样参数

图 9-71　设置发光贴图参数

STEP 05　展开"灯光缓存"卷展栏,设置"细分值"为 1200,其他参数设置如图 9-72 所示。

STEP 06　展开"系统"卷展栏,设置参数如图 9-73 所示。

STEP 07　光子图渲染参数调整完成后,返回摄影机视图进行光子图渲染.渲染完成后打开"发光贴图"与"灯光缓存"卷展栏参数,查看是否成功保存并已经调用了计算完成的光子图,如图 9-74 所示。

图 9-72 设置灯光缓存参数

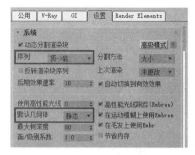

图 9-73 设置"系统"卷展栏参数

图 9-74 发光贴图和灯光缓存光子图的调用

9.5 最终输出渲染

光子图渲染完成后，下面将对整个场景做最终输出渲染。

STEP 01 按快捷键 F10 打开"渲染设置"对话框，在"公用"选项卡中设置"输出大小"的参数，为 1084 ×1600，如图 9-75 所示。

STEP 02 展开"全局控制"卷展栏，取消勾选"不渲染最终图像"，如图 9-76 所示。

图 9-75 设置输出尺寸

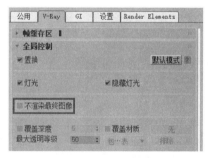

图 9-76 取消勾选"不渲染最终图像"复选框

其他的参数保持渲染光子图阶段的设置即可，接下来就可以直接渲染成图了，经过几个小时的渲染最终效果如图 9-77 所示。

图 9-77 最终渲染效果

9.6　色彩通道图

依照前面章节介绍的方法，使用配套资源中提供的插件来制作色彩通道。

STEP 01　选择场景中所有的灯光并删除。在"选择渲染器"对话框中设置渲染器为"扫描线渲染器"，如图 9-78 所示。

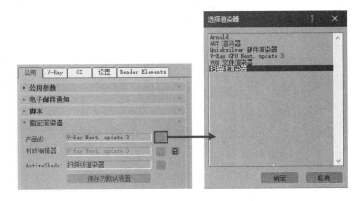

图 9-78　选择渲染器

STEP 02　在菜单栏的"脚本"中选择"运行脚本"命令，弹出"选择编辑文件"对话框，这时运行配套资源提供的"材质通道主程序.mse"文件，就可以将场景的对象转化为纯色材质对象，如图 9-79 所示。

图 9-79　选择编辑文件

STEP 03　在弹出的对话框中单击"是"按钮，完成材质的转换，然后单击"渲染产品"按钮 ，将色彩通道渲染出来，如图 9-80 所示。

图 9-80　色彩通道图

9.7 Photoshop 后期处理

渲染完毕后，下面就需要对图像进行后期的处理，对效果图做最后的调整。

STEP 01 使用 Photoshop 打开渲染后的色彩通道和最终渲染图，如图 9-81 所示。并将两张图像合并在一个窗口中，如图 9-82 所示。

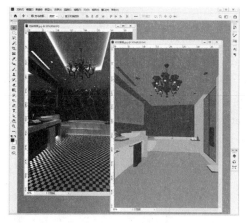
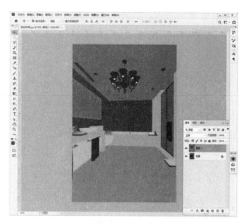

图 9-81 打开图像文件　　　　　　　　　　　图 9-82 合并图像窗口

STEP 02 仔细观察渲染的图，可以看到图片亮度不够有些暗，还有整体色调偏暖，局部饱和度过渡等问题，下面根据这些情况来进行修改。

STEP 03 选择"背景"图层，按 Ctrl+J 组合键将其复制一份，并关闭"色彩通道"所在的图层 1，选择"背景副本"图层，按 Ctrl+M 组合键打开"曲线"对话框，调整它的亮度，如图 9-83 所示。

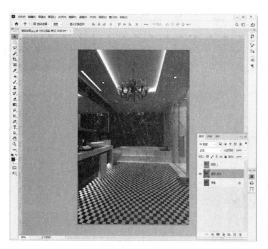
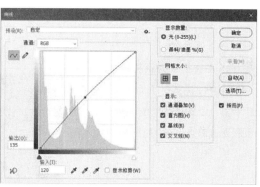

图 9-83 调整整体亮度

STEP 04 执行"图像"→"调整"→"亮度/对比度"命令，调整整体的对比度，如图 9-84 所示。

STEP 05 接着对局部进行调整，在"图层 1"中用"魔棒"工具选择白色墙面部分，返回"背景副本"图层，按 Ctrl+J 组合键复制出新的图层，再按 Ctrl+U 组合键打开"色相/饱和度"对话框，调整它的饱和度，如图 9-85 所示。

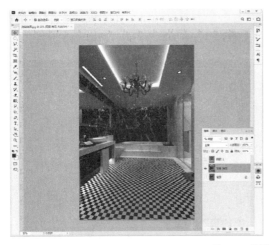
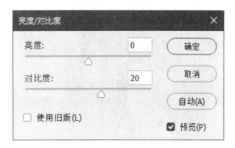

图 9-84 调整对比度

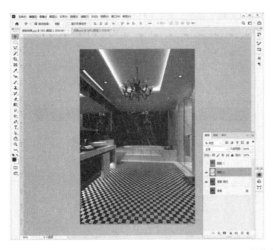

图 9-85 调整白色墙面饱和度

STEP 06 在"图层 1"中用"魔棒"工具选择地面马赛克部分，返回"背景副本"图层，按 Ctrl+J 组合键复制出新的图层，按 Ctrl+U 组合键打开"色相/饱和度"对话框，调整它的饱和度，如图 9-86 所示。

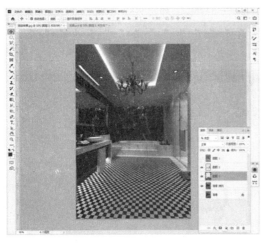

图 9-86 调整地面饱和度

STEP 07 返回"图层 1"中用"魔棒"工具选择玻璃门部分，在"背景副本"图层中，按 Ctrl+J 组合键复制出新的图层，按 Ctrl+U 组合键打开"色相/饱和度"对话框，调整它的饱和度，如图 9-87 所示。

图 9-87　调整玻璃门饱和度

STEP 08 选择顶棚部分，按 Ctrl+J 组合键复制出新的图层，再按 Ctrl+U 组合键打开"色相/饱和度"对话框，调整它的饱和度，如图 9-88 所示。

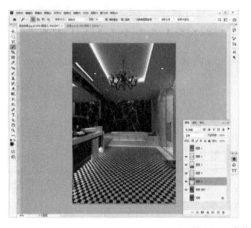

图 9-88　调整顶棚饱和度

STEP 09 在"图层 1"中用"魔棒"工具选择黑色墙面部分，返回"背景副本"图层，按 Ctrl+J 组合键复制出新的图层，按 Ctrl+M 组合键打开"曲线"对话框，调整它的亮度，如图 9-89 所示。

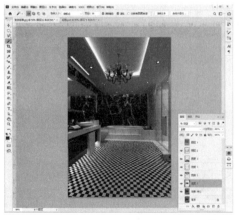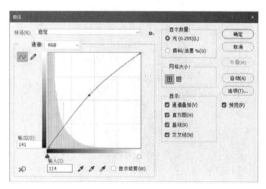

图 9-89　调整吊灯亮度

STEP 10 最后选择最上图层，按 Ctrl+Alt+Shift+E 组合键合并所有图层到最上方，执行"图像"→"模式"→"Lab 颜色"命令，在弹出来的对话框中单击"不合并"按钮，完成模式的转换，如图 9-90 所示。

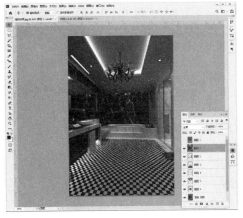

图 9-90 转换图像模式

STEP 11 切换到通道栏中，选择"明度"图层，执行"滤镜"→"锐化"→"USM 锐化"命令，调节图像的精锐度，如图 9-91 所示。

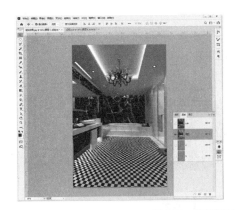

图 9-91 锐化处理图像

STEP 12 分别在"a"和"b"图层中执行"滤镜"→"模糊"→"高斯模糊"命令，为它们设置一定的模糊度，如图 9-92 所示。

图 9-92 执行高斯模糊

STEP 13 完成这些操作，执行"图像"→"模式"→"RGB 颜色"，在弹出来的对话框中单击"不合并"按钮，完成模式的转换，最后按 Ctrl+S 组合键保存 PSD 文件，并导出一张 JPEG 格式图像完成 Photoshop 的后期处理，如图 9-93 所示。

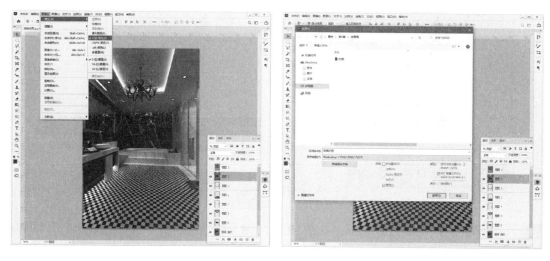

图 9-93　保存文件

STEP 14 至此本场景的制作就结束了，最终效果如图 9-94 所示。

图 9-94　最终效果

第 10 章

阴天书房效果

纸墨笔砚，是古代书房不可或缺的，而随着现代生活的发展，电脑、键盘等早已取代了这些传统的物品，书房的摆设也更加简单明了。毋庸讳言，书房是读书写字或工作的地方，需要宁静、沉稳的感觉，人在其中才不会心浮气躁。传统中式书房从规划到陈设，从材质到色调，都表现出典雅的特征，因此得到不少现代人的喜爱。在现代家居中，拥有一个"古味"十足的、可以静心潜读的书房空间，自然是一种更高层次的享受。

10.1 项目分析

书房给予了家庭成员一个独立的思考空间，在沉稳的书房中不需要太多豪华的装饰物，简单的装潢就能体现出它的作用。书房简单实用，但软装可以很丰富，精美的装饰品足以为书房的风格加分。对于比较大的空间，能搭配的元素也更丰富，这样可以使书房更加有生活化意味。

本例制作的是一个颇具古味而又现代的书房空间，以白色、黑色为主调，搭配中式的结构造型以及装饰物，为场景营造出简约而不简单，精致而不失韵味的感觉。下面提供两张著名设计师设计的欧式书房效果供读者参考，如图 10-1 所示。

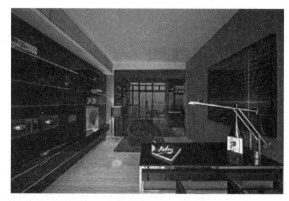

图 10-1 参考效果

10.2 创建摄影机并检查模型

10.2.1 创建摄影机

STEP 01 打开配套资源中的"阴天书房效果白模.max"，按快捷键 T 切换至顶视图，在"摄影机"面板中选择"标准"，单击"目标"按钮，在场景中创建一个目标摄影机，如图 10-2 所示。

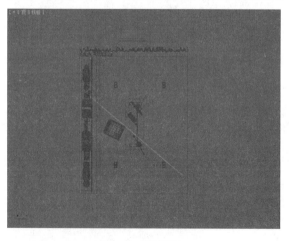

图 10-2 创建摄影机

STEP 02　按快捷键 F 切换至前视图，调整好摄影机的高度，如图 10-3 所示。

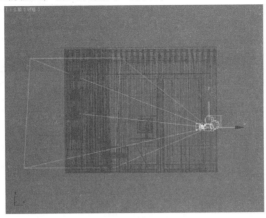

图 10-3　调整摄影机高度

STEP 03　在"修改"面板中对摄影机的参数进行修改，并添加"摄影机校正"修改器，修正摄影机的角度偏差，如图 10-4 所示。这样，目标摄影机就放置好了，再切换到摄影机视图，效果如图 10-5 所示。

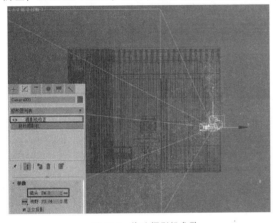

图 10-4　修改摄影机参数

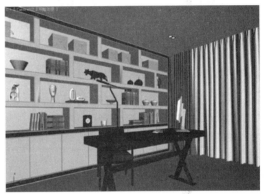

图 10-5　摄影机视图

10.2.2　设置测试参数

STEP 01　按快捷键 F10 打开"渲染设置"对话框，进入"指定渲染器"卷展栏，选择 V-Ray 渲染器，单击"确定"按钮完成渲染器的调用，如图 10-6 所示。

图 10-6　调用渲染器

STEP 02 在"V-Ray"选项卡中展开"全局控制"卷展栏，取消勾选"隐藏灯光"复选框，如图 10-7 所示。

图 10-7　设置全局控制参数

STEP 03 切换至"图像采样器（抗锯齿）"卷展栏，设置类型为"块"，取消勾选"图像过滤器"复选框，如图 10-8 所示。

图 10-8　设置图像采样参数

STEP 04 在"颜色映射"卷展栏中设置类型为"莱茵哈德"，调节"倍增器"为 0.5，如图 10-9 所示。

图 10-9　设置颜色贴图类型

STEP 05 在"GI"选项卡中展开"全局照明 GI"卷展栏，勾选"启用"，设置"二次引擎"为"灯光缓存"方式，如图 10-10 所示。

图 10-10　开启全局照明

STEP 06 展开"发光贴图"卷展栏，设置"当前预设"为"非常低"，调节"细分值"和"自动搜索距离"都为 20，勾选"显示计算阶段"和"显示直接光"两个复选框，如图 10-11 所示。

图 10-11　设置发光贴图参数

STEP 07 展开"灯光缓存"卷展栏，设置"细分值"为 200，勾选"显示计算阶段"复选框，如图 10-12 所示。

STEP 08 展开"系统"卷展栏，设置"序列"为"顶→底"，其他参数设置如图 10-13 所示。

图 10-12　设置灯光缓存的参数

图 10-13　设置"系统"卷展栏参数

其他参数保持默认即可，这里的设置主要是为了更快地渲染出场景，以便检查场景中的模型、材质和灯光是否有问题，所以用的都是低参数。

10.2.3　模型检查

测试参数设置好后，下面对模型来进行检查。

STEP 01 切换至"公用"选项卡，设置"输出大小"。在"环境"卷展栏中设置"GI（全局照明）环境"选项组的"倍增"值为 1，如图 10-14 所示。

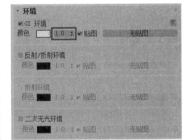

图 10-14　设置参数

STEP 02 按快捷键 M 打开"材质编辑器"面板，然后选择一个空白材质球，单击"Standard"按钮 Standard，将材质切换为"VRayMtl"材质，如图 10-15 所示。

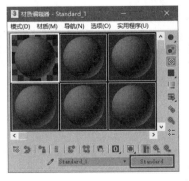

图 10-15　切换材质类型

STEP 03 在 VRayMtl 材质参数面板中单击"漫反射"的颜色色块，如图 10-16 所示调整好参数值，完成用于检查模型的白色材质的制作。

图 10-16　设置漫反射颜色

STEP 04 按快捷键 F10 打开"渲染设置"面板并展开"全局控制"卷展栏，将材质拖拽关联复制到"覆盖材质"通道上，如图 10-17 所示。

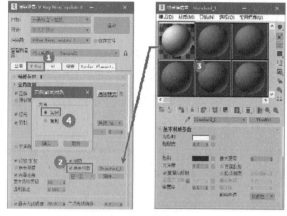

图 10-17　设置全局替代材质

这样，场景的基本材质以及渲染参数就完成了，接下来单击"渲染产品"按钮 进行渲染，如图 10-18 所示。

10.3　设置场景主要材质

下面按照如图 10-19 所示的编号逐个设置场景材质。

图 10-18　测试渲染结果

图 10-19　材质制作顺序

10.3.1　白漆材质

屋顶常使用的是白漆材质，具体参数设置如下。

STEP 01 将材质球切换为"VRayMtl",设置"漫反射"颜色的"亮度"值为 245,"反射"的颜色值为 40,"光泽度"值为 0.55,并勾选"菲涅尔反射"复选框,如图 10-20 所示。

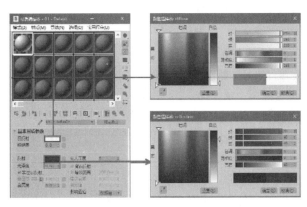

图 10-20　设置漫反射和反射参数

STEP 02 在"选项"卷展栏中,取消勾选"跟踪反射"复选框,如图 10-21 所示。

图 10-21　取消跟踪反射

STEP 03 最终屋顶墙面材质效果如图 10-22 所示。

图 10-22　白漆材质效果

10.3.2　地毯材质

本例主要通过混合贴图的方式来表现地毯的纹理效果,并配合适当的参数来完成材质的制作。

STEP 01 按快捷键 M 打开"材质编辑器"面板,选择一个空白材质球,单击"Standard"按钮 Standard ,将材质切换为"Blend"材质类型。并单击"材质 1"右侧通道,将默认的标准材质切换为"VRayMtl"材质球类型,如图 10-23 所示。

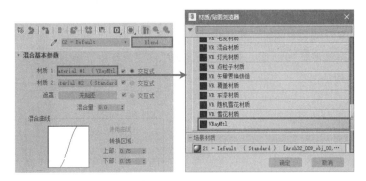

图 10-23　切换材质类型

STEP 02 在VRayMtl材质面板中，单击"漫反射"右侧的"贴图通道"按钮 ，为它添加一张"衰减"贴图，设置衰减方式为"垂直/平行"，为"前:侧"中的贴图通道加载两张"位图"贴图，如图10-24所示。

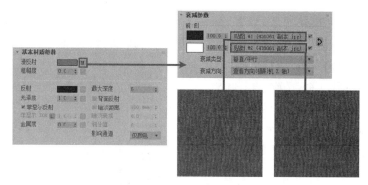

图10-24　设置漫反射和反射参数

STEP 03 展开"贴图"卷展栏，在"凹凸"通道里添加贴图，用来模拟材质的凹凸感，如图10-25所示。

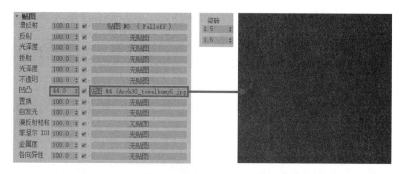

图10-25　添加凹凸贴图

STEP 04 返回至"混合"材质面板，依照同样的方法，将"材质2"的材质切换为"VRayMtl"材质类型，然后单击"漫反射"右侧的"贴图通道"按钮 ，为它添加一张"衰减"贴图，设置衰减方式为"垂直/平行"，为"前:侧"中的贴图通道加载两张"位图"贴图，如图10-26所示。

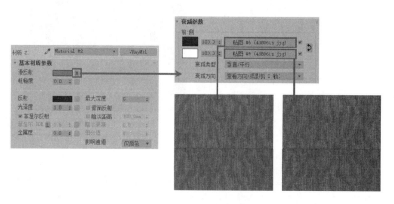

图10-26　设置材质2参数

STEP 05 展开"贴图"卷展栏，在"凹凸"通道里添加贴图，用来模拟材质的凹凸感，如图10-27所示。

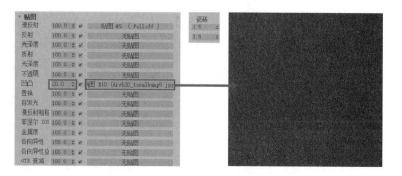

图10-27　添加凹凸贴图

STEP 06 再次返回至"混合"材质面板，单击"遮罩"右侧的贴图通道，添加一张"位图"贴图来控制它们的混合量，如图 10-28 所示。

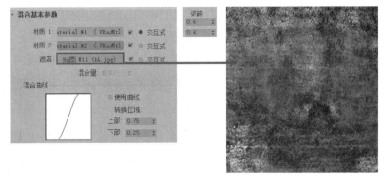

图 10-28　添加遮罩贴图

STEP 07 这样地毯材质就设置完成了，地毯材质的最终效果如图 10-29 所示。

图 10-29　地毯材质效果

10.3.3　书柜材质

本例中的书柜由三种材质组成，每种材质都具有各自的特点，图 10-30 所示为材质编号。

图 10-30　书柜的材质编号

1．柜面材质

该材质位于书柜的背景面和柜门处，它具有高光较小、反射模糊的特点，参数调节如下。

在"材质编辑器"面板中选择一个空白材质球，并切换为"VRayMtl"材质类型，设置"漫反射"颜色的"亮度"值为225，反射的"亮度"值为120，调节，"光泽度"值为0.35，勾选"菲涅尔反射"复选框，如图10-31所示。

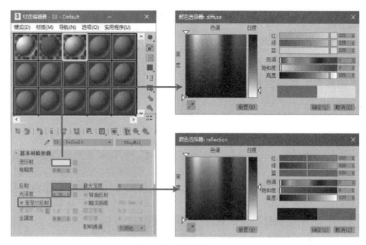

图 10-31　设置基本参数

2.　白色柜框材质

该框位于每个柜洞的表面处，它具有高光较大、反射模糊的特点，参数调节如下。

STEP 01 在"材质编辑器"面板中，选择一个空白材质球，并切换为"VRayMtl"材质类型，设置"漫反射"颜色的"亮度"值为225，调节"光泽度"值为0.5，为"反射"加载一张"衰减"贴图，设置衰减方式为"Fresnel"，如图10-32所示。

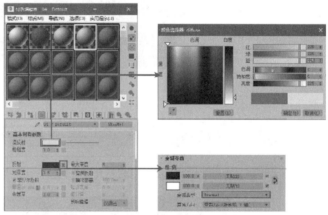

图 10-32　设置基本参数

STEP 02 完成两个部分的材质调节，单击"将材质指定给选定对象"按钮赋予对象材质，如图10-33所示。

图 10-33　柜面材质

3.　黑框材质

黑色框材质具有一定的反射，且高光较小。

STEP 01　在"材质编辑器"
面板中，选择一个空白材质
球，并切换为"VRayMtl"材
质类型，设置"漫反射"颜色
的"亮度"值为 15，反射的
"亮度"值为 30，调节"光
泽度"值为 0.82，如图 10-34
所示。

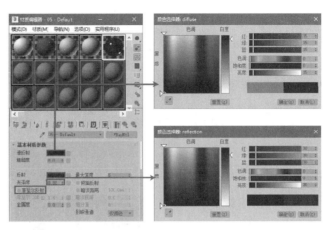

图 10-34　设置漫反射和反射参数

STEP 02　这样就完成了书柜
各部分材质的调节，效果如图
10-35 所示。

图 10-35　书柜材质

10.3.4　薄纱窗帘材质

　　窗帘材质一般都是布料材质，根据采光需要，一般可以分为不透光和透光两种形式，该材质具有一定
透光的效果。

STEP 01　依 照 同 样 的 方 法
将材质球切换为"VRayMtl"
材质类型，为"漫反射"加
载一张"衰减"贴图，并设
置两个颜色值，然后设置"反
射"的颜色值为 0，如图 10-36
所示。

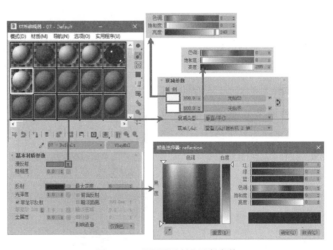

图 10-36　设置漫反射和反射参数

STEP 02 在"折射"选项组中，为"折射"加载一张"衰减"贴图，并设置两个颜色值，调节"光泽度"值为 0.75，勾选"影响阴影"复选框，如图 10-37 所示。

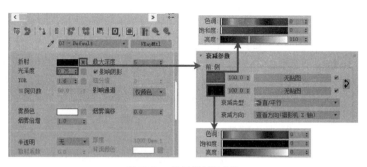

图 10-37 设置折射组参数

STEP 03 单击"材质编辑器"面板中的"将材质指定给选定对象"按钮，赋予窗帘材质，如图 10-38 所示。

图 10-38 薄纱窗帘材质效果

10.3.5 窗帘材质

根据采光需要，这一部分使用的是具有不透明效果的窗帘。

STEP 01 选择一个空白材质球，将材质切换为"VRayMtl"材质类型，单击"漫反射"的"贴图通道"按钮，添加一张"衰减"贴图，并进入贴图面板，分别在"前:侧"的两个贴图通道中添加"位图"贴图，设置衰减方式为"垂直/平行"，如图 10-39 所示。

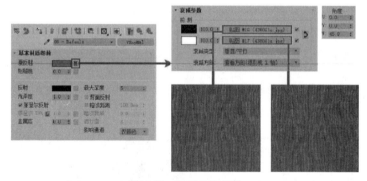

图 10-39 设置漫反射参数

STEP 02 简单调节完窗帘材质，单击"将材质指定给选定对象"按钮赋予对象材质，如图 10-40 所示。

图 10-40 窗帘材质效果

10.3.6 书桌材质

本例中使用的书桌漆面材质具有表面相对光滑，材质反射较弱，且高光较大的特点。

STEP 01 选择"VRayMtl"
材质球，设置"漫反射"颜
色的"亮度"值为 12，为"反
射"加载一张"衰减"贴图，
调节"光泽度"值为 0.4，如
图 10-41 所示。

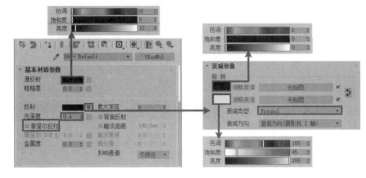

图 10-41　设置漫反射和反射参数

STEP 02 最终书桌漆面材质
效果如图 10-42 所示。

图 10-42　书桌漆面材质效果

10.3.7 布纹材质

本例中使用的布纹沙发材质效果表现十分简单，由于它距离摄影机较远，这里只使用了漫反射衰减来
进行表现。

STEP 01 将材质球切换为
"VRayMtl"，为"漫反射"
添加一张"衰减"贴图，如
图 10-43 所示。

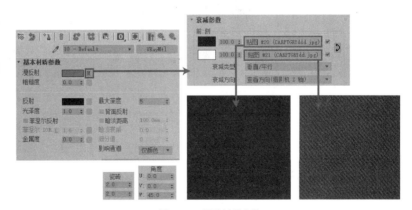

图 10-43　调整材质参数

STEP 02 最终布纹沙发材
质效果如图 10-44 所示。

图 10-44　布纹沙发材质效果

本例主要材质的介绍就讲解到这里，其他相关材质请读者参考本书案例源文件，图 10-45 所示为本例最终材质的效果。

10.4　灯光设置

10.4.1　灯光布置分析

本场景是一个书房空间，具有大型落地窗，家具造型简单时尚，其主要表现对象为书桌、书柜和镜头远处的窗口区域。图 10-46 所示为场景布置图。

图 10-45　最终材质　　　　　　　　　　　图 10-46　场景布置图

根据上面的结构分析可以确定，场景以白天自然光照射比较充足的时候表现为佳，附加室内光源对书桌和书柜区域进行照明，并在适当的地方增加一些光源进行辅助。接下来对场景中的灯光进行设置。

10.4.2　创建天光

依照自然界中光线散发的原理来模拟天光的布置。

STEP 01 在场景中的窗口处创建 VRay 穹顶光来模拟自然天光效果，如图 10-47 所示。

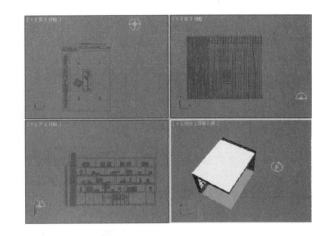

图 10-47 创建 VRay 穹顶光

STEP 02 调整穹顶光的参数，如图 10-48 所示。

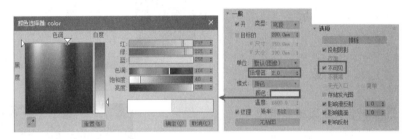

图 10-48 设置穹顶光参数

STEP 03 在场景中的窗口处创建 VRay 平面光来模拟天光效果，如图 10-49 所示。

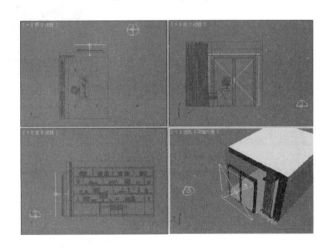

图 10-49 创建 VRay 平面光

STEP 04 调整平面光的参数，如图 10-50 所示。

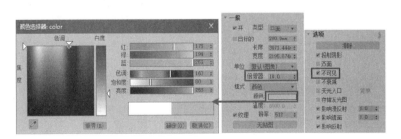

图 10-50 调整平面光参数

STEP 05 选择创建好的 VRay 平面光，以"复制"的方式复制出一盏平面光，如图 10-51 所示。

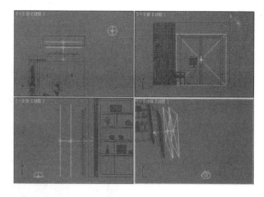

图 10-51　复制平面光

STEP 06 返回"修改"面板中对复制的平面光参数进行调整，如图 10-52 所示。

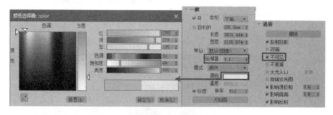

图 10-52　调整灯光参数

STEP 07 切换回摄影机视图，观察自然光照效果如图 10-53 所示。

图 10-53　自然光照效果

10.4.3　布置室内光源

为了避免室内环境光照太亮，需要控制室外光的强度，下面将为场景添加室内光源。

1.　布置目标点光源

STEP 01 在如图 10-54 所示的位置处，创建目标灯光。

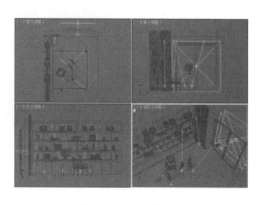

图 10-54　创建目标灯光

STEP 02 选择其中一个"目标灯光"，对它的参数进行调整，如图10-55 所示。

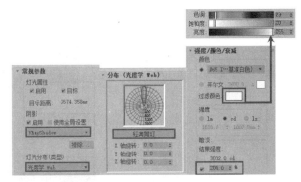

图 10-55　调整目标灯光参数

STEP 03 依照同样的方法在如图 10-56 所示的位置处，创建"目标灯光"。

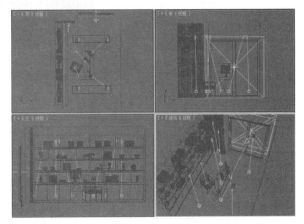

图 10-56　创建目标灯光

STEP 04 选择其中一个"目标灯光"，对它的参数进行调整，如图10-57 所示。

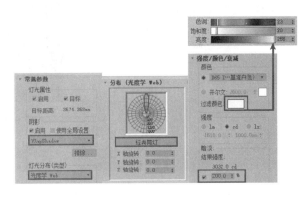

图 10-57　调整目标灯光参数

STEP 05 添加了室内目标灯光后的效果，如图 10-58 所示。

图 10-58　目标灯光效果

2. 创建灯带灯光

STEP 01 在书柜藏灯位置处创建 VRay 平面光，其位置如图 10-59 所示。

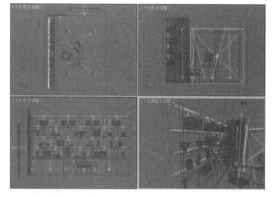

图 10-59 布置灯带平面光

STEP 02 在 "修改" 命令面板中调整灯带灯光的参数，如图 10-60 所示。

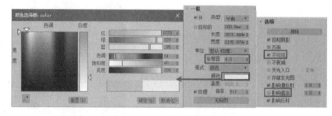

图 10-60 设置灯带灯光参数

STEP 03 按快捷键 C 切换至摄影机视图，单击 "渲染产品" 按钮 ，观察添加了书柜平面光后的效果，如图 10-61 所示。

图 10-61 书柜灯带灯光效果

10.4.4 创建补光

STEP 01 单击 "VRayLight" 按钮，将灯光类型设置为 "平面" 类型，然后在摄影机位置处创建面光源，如图 10-62 所示。

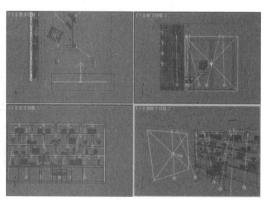

图 10-62 布置平面补光

STEP 02 保持平面的选择状态，
调整它的参数，如图 10-63 所示。

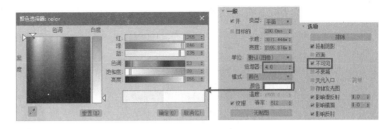

图 10-63　灯光参数

STEP 03 在添加完补光后，再次
单击"渲染产品"按钮 ，观察
场景整体的灯光效果，如图 10-64
所示。

图 10-64　整体灯光效果

10.5 创建光子图

在材质和灯光效果得到确认后，下面将为场景的最终渲染做准备。

10.5.1 提高细分值

STEP 01 首先进行材质细分的调整.将材质细分设置相对高一些可以避免光斑、噪波等现象的产生，因此对
讲解到的主要材质"反射"选项组中的"细分"值进行增大，一般设置为 20~24 即可，如图 10-65 所示。
STEP 02 同样将场景内所有 VRay 灯光类型的"细分值"设置为 24，然后在"VRayShadows params"卷展
栏中将其他灯光类型的"细分"值也设置为 24，如图 10-66 所示。

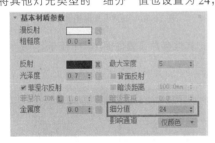

图 10-65　提高材质细分

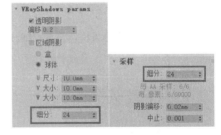

图 10-66　提高灯光细分

10.5.2 调整渲染参数

下面来调节光子图的渲染参数。

STEP 01 按快捷键 F10 打开"渲染面板"，在"公用参数"选项卡中设置"输出大小"的参数，如图 10-67
所示。

STEP 02 在"V-Ray"选项卡中展开"全局控制"卷展栏，勾选"不渲染最终图像"，如图 10-68 所示。

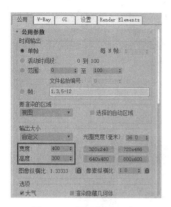

图 10-67　设置输出尺寸

图 10-68　设置全局控制卷展栏中参数

STEP 03 切换至"图像采样器（抗锯齿）"卷展栏，选择"渐进"类型，勾选"图像过滤器"复选框，并选择"Mitchell-Netravali"过滤器，如图 10-69 所示。

STEP 04 展开"发光贴图"卷展栏，设置"当前预设"为"中等"，调节"细分值"为 60，勾选"显示计算阶段"和"显示直接光"两个复选框，如图 10-70 所示。

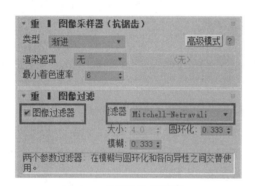

图 10-69　设置图像采样参数

图 10-70　设置发光贴图参数

STEP 05 展开"灯光缓存"卷展栏，设置"细分值"为 1200，其他参数设置如图 10-71 所示。

STEP 06 展开"系统"卷展栏，设置参数如图 10-72 所示。

图 10-71　设置灯光缓存参数

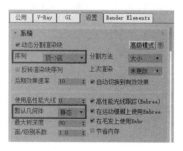

图 10-72　设置"系统"卷展栏参数

10.6　最终输出渲染

光子图渲染完成后，下面将对整个场景做最终输出渲染。

STEP 01 按快捷键 F10 打开"渲染设置"对话框，在"公用参数"选项卡中设置"输出大小"的参数，为 1600×1200，如图 10-73 所示。

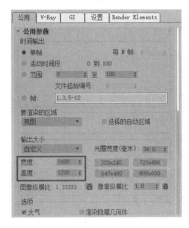

图 10-73　设置输出大小

STEP 02 展开"全局控制"卷展栏，取消勾选"不渲染最终图像"，如图 10-74 所示。

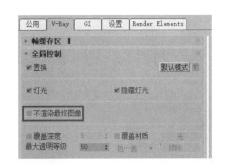

图 10-74　取消不渲染图像复选框

STEP 03 其他的参数保持渲染光子图阶段设置即可，接下来就可以直接渲染成图了，经过几个小时的渲染最终效果如图 10-75 所示。

图 10-75　最终渲染效果

10.7　色彩通道图

依照前面章节介绍的方法，使用配套资源中提供的插件来制作色彩通道。

STEP 01 选择场景中所有的灯光并删除。在"选择渲染器"对话框中设置渲染器为"扫描线渲染器"，如图 10-76 所示。

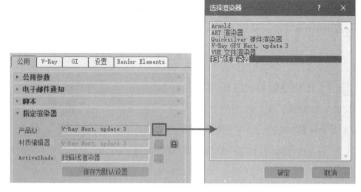

图 10-76　选择渲染器

STEP 02 在菜单栏的"脚本"中选择"运行脚本"命令，弹出"选择编辑文件"对话框，这时运行配套资源提供的"材质通道主程序.mse"文件，就可以将场景的对象转化为纯色材质对象，如图 10-77 所示。

图 10-77　选择编辑文件

STEP 03 在弹出的对话框中单击"是"按钮，完成材质的转换，再单击"渲染产品"按钮，将色彩通道渲染出来，如图 10-78 所示。

图 10-78　色彩通道图

10.8　Photoshop 后期处理

渲染完毕后就需要对图像进行后期的处理，对效果图做最后的调整。

STEP 01 使用 Photoshop 打开渲染后的色彩通道和最终渲染图，如图 10-79 所示。将两张图像合并在一个窗口中，如图 10-80 所示。

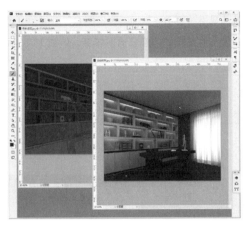
图 10-79　打开图像文件

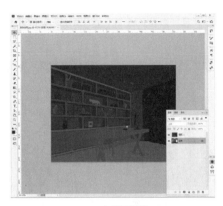
图 10-80　合并图像窗口

STEP 02　仔细观察渲染的图，可以看到图片亮度不够有些暗，还有局部饱和度少许过度问题，下面根据这些情况来进行修改。

STEP 03　选择"背景"图层，按 Ctrl+J 组合键将其复制一份，并关闭"色彩通道"所在的图层 1，选择"背景副本"图层，按 Ctrl+M 组合键打开"曲线"对话框，调整它的亮度，如图 10-81 所示。

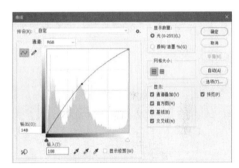
图 10-81　调整图像亮度

STEP 04　执行"图像"→"调整"→"亮度/对比度"命令，调整整体的对比度，如图 10-82 所示。

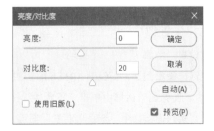
图 10-82　调整图像对比度

STEP 05　对局部进行调整。在"图层1"中用"魔棒"工具选择书柜部分，返回"背景副本"图层，按Ctrl+J组合键复制出新的图层，按Ctrl+U组合键打开"色相/饱和度"对话框，调整它的饱和度，如图10-83所示。

图10-83　调整书柜饱和度

STEP 06　下面来处理窗户处的泛光。在色彩通道所在的图层中选择窗户区域，按Ctrl+Shift+N组合键复制一个新的图层，使用"油漆桶"工具将它填充为白色调，如图10-84所示。

STEP 07　执行"滤镜"→"模糊"→"高斯模糊"命令，在弹出的"高斯模糊"对话框中设置"半径"值为100，如图10-85所示。

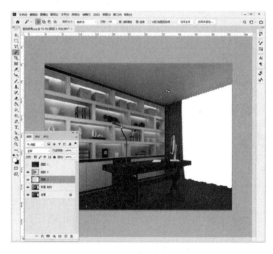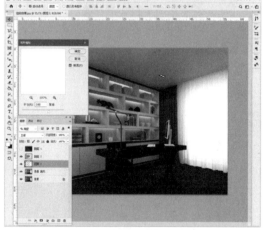

图10-84　创建新的图层　　　　　　　　图10-85　添加高斯模糊

STEP 08　设置"图层3"的"不透明度"为20，这样泛光就完成了，如图10-86所示。

STEP 09　选择最上图层，按Ctrl+Alt+Shift+E组合键合并所有图层到最上方，执行"图像"→"模式"→"Lab颜色"命令，在弹出对话框中单击"不合并"按钮，完成模式的转换，创建图层4，如图10-87所示。

STEP 10　切换到通道栏中，选择"明度"图层，执行"滤镜"→"锐化"→"USM锐化"命令，调节图像的精锐度，如图10-88所示。

图 10-86　设置不透明度

图 10-87　切换图像模式

图 10-88　锐化处理图像

STEP 11　分别在"a"和"b"图层中执行"滤镜"→"模糊"→"高斯模糊"命令，为它们设置一定的模糊度，如图 10-89 所示。

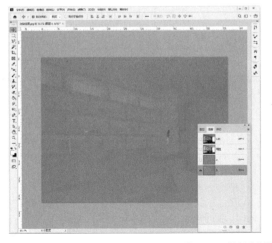

图 10-89　执行高斯模糊

STEP 12 完成以上操作后，执行"图像"→"模式"→"RGB 颜色"命令，在弹出来的对话框中单击"不合并"按钮，完成模式的转换，最后按 Ctrl+S 组合键保存 PSD 文件，并导出一张 JPEG 格式图像完成 Photoshop 的后期处理，如图 10-90 所示。

图 10-90　保存文件

至此本场景的制作就结束了，最终效果如图 10-91 所示。

图 10-91　最终效果

第 11 章

会议空间表现

会议空间是指用于社会群体进行会议活动的空间，是进行群体项目讨论、群体决策商议、群体信息传达和群体信息反馈的场所。会议空间是群体办公空间中的必备空间，是群体办公空间重要组成空间之一。下图所示为本章会议室制作的最终效果。

11.1   项目分析

随着社会的发展，人们对办公会议室空间设计的要求越来越高，通过会议室空间设计能够表现出办公室多姿多彩的一面。会议室对于办公室来说是一个集体聚会空间，分大型、中型、小型。对于会议室设计来说，大、中型的在设计时都应简洁、明快，带有庄重、严肃性，在色彩和灯光设计上要有主有次，便于人们集中注意力。而小型会议室应力求随便、活泼，还可融入一些高雅、艺术的格调。下面为著名设计师设计的会议空间效果图供读者参考，如图 11-1 所示。

图 11-1   会议室参考效果

11.2   创建摄影机并检查模型

11.2.1   创建摄影机

STEP 01   打开配套资源中的"会议空间表现白模.max"，按快捷键 T 切换至顶视图，在"摄影机"面板中选择"标准"，单击"目标"按钮，在场景中创建一个"目标摄影机"，如图 11-2 所示。

STEP 02   按快捷键 L 切换至侧视图，调整好摄影机的高度，如图 11-3 所示。

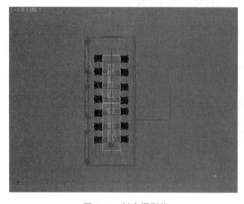 

图 11-2   创建摄影机   图 11-3   调整摄影机高度

STEP 03   在"修改"面板中对摄影机的参数进行修改，如图 11-4 所示

STEP 04   这样，目标摄影机就放置好了，切换到摄影机视图，效果如图 11-5 所示。

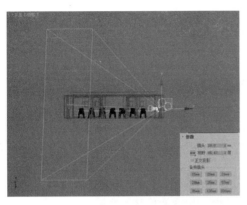

图 11-4　修改摄影机参数

图 11-5　摄影机视图

11.2.2 设置测试参数

STEP 01 按快捷键 F10 打开"渲染
设置"对话框，进入"选择渲染器"
卷展栏，选择 V-Ray 渲染器，单击
"确定"按钮完成渲染器的调用，
如图 11-6 所示。

图 11-6　调用渲染器

STEP 02 在"V-Ray"选项卡中展
开"全局控制"卷展栏，取消"隐
藏灯光"选项，如图 11-7 所示。

图 11-7　设置全局控制参数

STEP 03 切换至"图像采样器（抗
锯齿）"卷展栏，设置类型为"块"，
取消勾选"图像过滤器"复选框，
如图 11-8 所示。

图 11-8　设置图像采样参数

STEP 04 在"颜色映射"卷展栏中设置类型为"线性倍增"，调节"暗部倍增"值为1.3，如图11-9所示。

图11-9　设置颜色贴图类型

STEP 05 在"GI"选项卡中展开"全局照明 GI"卷展栏，勾选"启用GI"，设置"二次引擎"为"灯光缓存"方式，如图11-10所示。

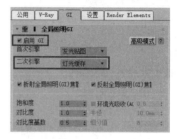

图11-10　开启全局照明

STEP 06 展开"发光贴图"卷展栏，设置"当前预设"为"非常低"，调节"细分值"和"自动搜索距离"为20，勾选"显示计算阶段"和"显示直接光"两个复选框，如图11-11所示。

图11-11　设置发光贴图参数

STEP 07 展开"灯光缓存"卷展栏，设置"细分值"为200，勾选"显示计算阶段"复选框，如图11-12所示。

图11-12　设置灯光缓存的参数

STEP 08 展开"系统"卷展栏，设置"序列"为"顶至底"，其他参数设置如图11-13所示。

图11-13　设置"系统"卷展栏参数

　　其他参数保持默认值即可，这里的设置主要是为了更快地渲染出场景，以便检查场景中的模型、材质和灯光是否有问题，所以用的都是低参数。

11.2.3　模型检查

测试参数设置好后，下面对模型进行检查。

STEP 01　切换至"公用"选项卡，对"输出大小"进行设置。在"环境"卷展栏中设置"GI 环境（天光）"选项组的"倍增"值为 1，如图 11-14 所示。

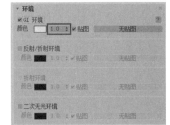

图 11-14　设置输出大小

STEP 02　按快捷键 M 打开"材质编辑器"面板，然后选择一个空白材质球，单击"Standard"按钮，将材质切换为"VRayMtl"材质，如图 11-15 所示。

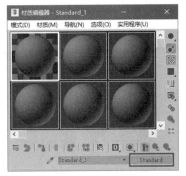

图 11-15　切换材质类型

STEP 03　在 VRayMtl 材质参数面板中单击"漫反射"的颜色色块，如图 11-16 所示调整好参数值，完成用于检查模型的白色材质的制作。

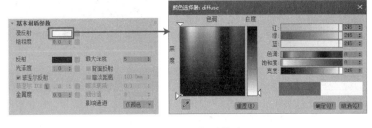

图 11-16　设置漫反射颜色

STEP 04　按快捷键 F10 打开"渲染设置"面板并展开"全局控制"卷展栏，将材质拖拽关联复制到"覆盖材质"通道上，如图 11-17 所示。

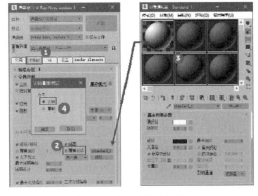

图 11-17　设置全局替代材质

STEP 05 这样，场景的基本材质以及渲染参数就设置完成了，接下来单击"渲染产品"按钮![icon]进行渲染，如图 11-18 所示。

图 11-18　测试渲染结果

11.3　设置场景主要材质

下面按照如图 11-19 所示的编号逐个设置场景材质。

图 11-19　材质制作顺序

11.3.1　白漆材质

屋顶常使用的是白漆材质，具体参数设置如下。

STEP 01 将材质球切换为"VRayMtl"，设置"漫反射"颜色的"亮度"值为230，"反射"的颜色值为25，"光泽度"值为0.5，并勾选"菲涅尔反射"复选框，调节"菲涅尔 IOR"值为2.0，如图 11-20 所示。

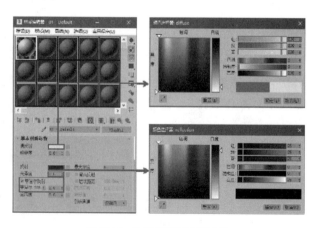

图 11-20　设置漫反射和反射参数

STEP 02 在"选项"卷展栏中，取消勾选"跟踪反射"复选框，如图 11-21 所示。

图 11-21　取消跟踪反射

STEP 03 最终屋顶墙面材质的效果如图 11-22 所示。

图 11-22　白漆材质效果

11.3.2　木地板材质

这里要表现的地板是一种表面相对光滑、反射又很细腻的木地板材质，其参数设置如下。

STEP 01 按快捷键 M 打开"材质编辑器"面板，选择一个空白材质球，单击"Standard"按钮 Standard 将材质切换为"VRayMtl"材质类型，单击"漫反射"右侧的"贴图通道"按钮，为它添加一张"位图"贴图。设置"反射"选项组中的"光泽度"值为 0.65，如图 11-23 所示。

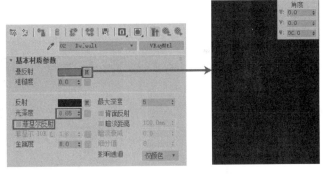

图 11-23　设置漫反射和反射参数

STEP 02 展开"贴图"卷展栏，在"反射"通道里添加"衰减"贴图，用来模拟反射效果，如图 11-24 所示。

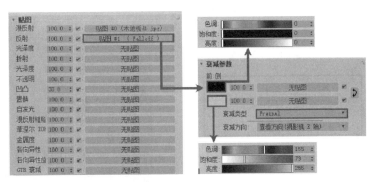

图 11-24　添加衰减贴图

STEP 03 调节好木地板材质以后，单击"将材质指定给选定对象"按钮 ，为场景中的地面对象赋予材质，图 11-25 所示为木地板材质效果。

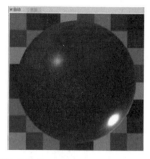

图 11-25　木地板材质效果

11.3.3　木纹材质

该木纹材质同木地板材质属于同一类型，而它具有的高光较大，反射也不是很清晰。

STEP 01 按快捷键 M 打开"材质编辑器"面板，选择一个空白材质球，单击"Standard"按钮 Standard 将材质切换为"VRayMtl"材质类型，单击"漫反射"右侧的"贴图通道"按钮 ，为它添加一张"位图"贴图。设置"反射"选项组中的"光泽度"值为 0.6，如图 11-26 所示。

图 11-26　设置漫反射和反射参数

STEP 02 展开"贴图"卷展栏，在"反射"通道里添加"衰减"贴图，用来模拟反射效果，如图 11-27 所示。

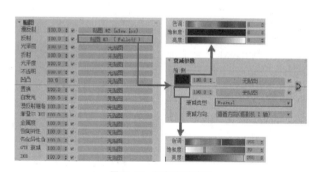

图 11-27　添加衰减贴图

STEP 03 调节好木纹材质后，单击"将材质指定给选定对象"按钮 ，为场景中的墙面对象赋予材质，图 11-28 所示为木纹材质效果。

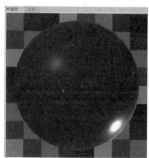

图 11-28　木纹材质效果

11.3.4　壁纸材质

这个材质的重点在于选择合适的贴图，它不仅要考虑肌理、颜色，还要和整个空间的格调相搭配。

STEP 01 按快捷键 M 打开"材质编辑器"面板，选择一个空白材质球，单击"Standard"按钮 Standard ，将材质切换为"混合"材质类型。单击"材质 1"右侧的通道，将默认的标准材质切换为"VRayMtl"材质球类型，如图 11-29 所示。

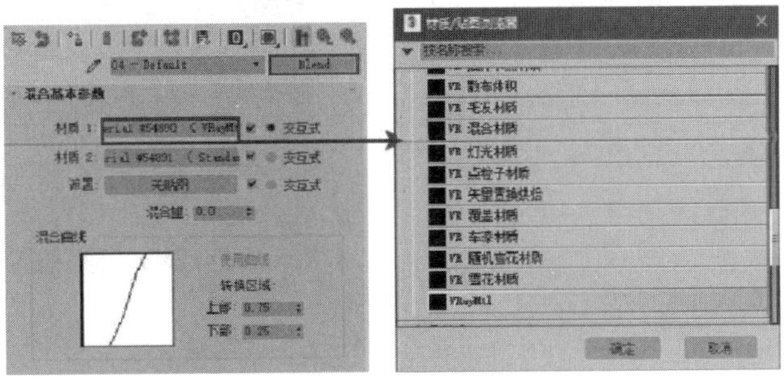

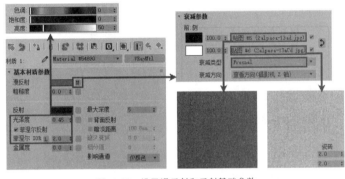

图 11-29　切换材质类型

STEP 02 在 VRayMtl 材质面板中，单击"漫反射"右侧的"贴图通道"按钮 ，为它添加一张"衰减"贴图，设置衰减方式为"Fresnel"，为"前:侧"中的贴图通道加载两张"位图"贴图。设置"反射"颜色"亮度"值为 50，"光泽度"值为 0.45，并勾选"菲涅尔反射"复选框，调节"菲涅尔 IOR"为 2.0，如图 11-30 所示。

图 11-30　设置漫反射和反射基础参数

STEP 03 返回至"混合"材质面板，依照同样的方法，将"材质 2"的材质切换为"VRayMtl"材质类型，然后单击"漫反射"右侧的"贴图通道"按钮 ，为它添加一张"位图"贴图，如图 11-31 所示。

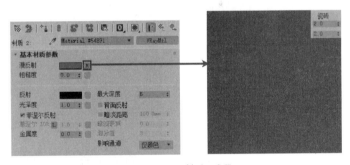

图 11-31　设置材质 2 参数

STEP 04 再次返回至"混合"材质面板，单击"遮罩"右侧的贴图通道，添加一张"位图"贴图控制它们的混合量，如图 11-32 所示。

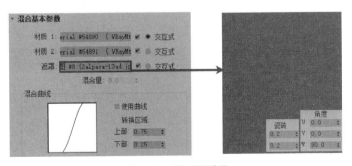

图 11-32　添加遮罩贴图

STEP 05　调节好墙纸材质以后，单击"将材质指定给选定对象"按钮 ⁂₁，为场景中的墙面对象赋予材质，图 11-33 所示为墙纸材质效果。

图 11-33　墙纸材质效果

11.3.5　会议桌材质

本例中使用的会议桌材质具有表面相对光滑，材质反射较弱且高光较小的特点。

STEP 01　将材质球切换为"VRayMtl"，设置"漫反射"颜色的"亮度"值为 255，"反射"的颜色值为 30，"光泽度"值为 0.9，如图 11-34 所示。

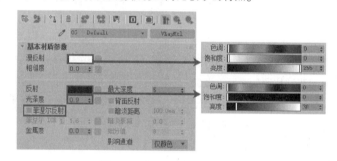

图 11-34　设置漫反射和反射参数

STEP 02　最终会议桌材质的效果如图 11-35 所示。

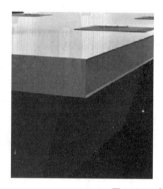

图 11-35　会议桌材质效果

11.3.6　塑料材质

塑料材质根据表面质感可分为亮面硬塑料及哑光软塑料材质。本例中使用的哑光塑料材质表面相对粗糙，具有一定的反射效果且高光较大的特点。

STEP 01　选择"VRayMtl"材质球，设置"漫反射"的"亮度"值为 25，为"反射"添加"衰减"贴图，设置"衰减类型"为"Frensnel"，并调整"前:侧"的颜色值，调节"光泽度"值为 0.85，如图 11-36 所示。

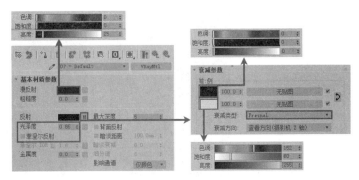

图 11-36　设置参数

STEP 02 最终塑料材质的效果如图 11-37 所示。

图 11-37　塑料材质效果

11.3.7　窗帘材质

本例中的窗帘由两个部分组成，分别是不透光的窗帘和薄纱窗帘，下面根据它们各自的特点来进行调节。

1.　不透光窗帘材质

STEP 01 选择一个空白材质球，将材质切换为 "VRayMtl" 材质类型，单击 "漫反射" 的 "贴图通道" 按钮 ，添加一张 "位图" 贴图，设置 "光泽度" 为 0.6，并勾选 "菲涅尔反射" 复选框，调节 "菲涅尔 IOR" 值为 6.0，如图 11-38 所示。

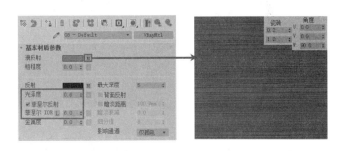

图 11-38　调节漫反射参数

STEP 02 展开 "贴图" 卷展栏，在 "反射" 通道里添加 "位图" 贴图，用来模拟反射效果，如图 11-39 所示。

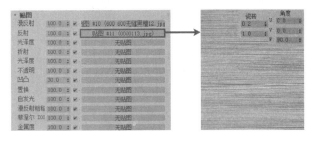

图 11-39　添加位图贴图

STEP 03 最终不透明窗帘材质的效果如图 11-40 所示。

图 11-40　不透明窗帘材质效果

2．薄纱窗帘

STEP 01 将材质球切换为"VRayMtl"材质类型，为"漫反射"加载一张"衰减"贴图，并设置两个颜色值，然后设置"反射"的颜色值为 0，如图 11-41 所示。

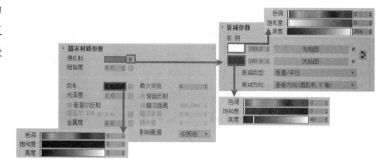

图 11-41　设置漫反射和反射参数

STEP 02 在"折射"选项组中为"折射"加载一张"衰减"贴图，并设置两个颜色值，调节"光泽度"值为 0.75，勾选"影响阴影"复选框，如图 11-42 所示。

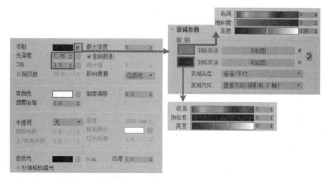

图 11-42　设置折射组参数

STEP 03 单击"材质编辑器"面板中的"将材质指定给选定对象"按钮，赋予窗帘材质，如图 11-43 所示。

图 11-43　薄纱窗帘材质效果

11.3.8 反光镜材质

该材质具有完全反射的特点。

STEP 01 将 材 质 类 型 切 换 为
"VRayMtl",设置"漫反射"的
颜色值为 255,调整"反射"的颜
色值为 255,如图 11-44 所示。

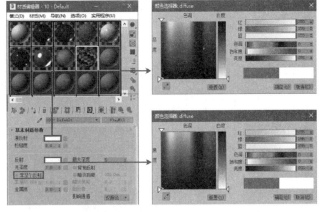

图 11-44 设置漫反射和反射颜色值

STEP 02 调节好材质后,为场景
中的镜子对象赋予材质,效果如
图 11-45 所示。

图 11-45 镜子材质效果

11.4 灯光设置

11.4.1 灯光布置分析

本场景是一个公共空间中的
会议室,它有大型落地窗,并且办
公家具造型简单时尚。其主要表现
对象为会议桌、椅子和镜头远处的
面板。图 11-46 所示为场景布置图。

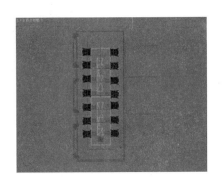

图 11-46 场景布置图

根据上面的结构分析可以确定,场景以白天自然光照射比较充足的时候表现为佳,附以室内光源对会议区域进行照明,并在适当的地方增加些光源进行辅助。接下来将对场景中的灯光进行设置。

11.4.2 创建天光

依照自然界中光线散发的原理来模拟天光的布置。

STEP 01 在场景中的窗口处创建"VRay 穹顶光"来模拟自然天光效果,如图 11-47 所示。

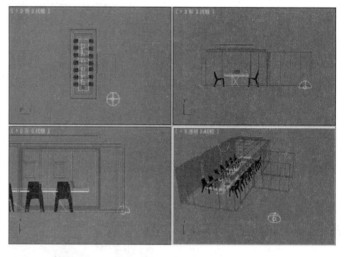

图 11-47 创建 VRay 穹顶光

STEP 02 调整穹顶光的参数,如图 11-48 所示。

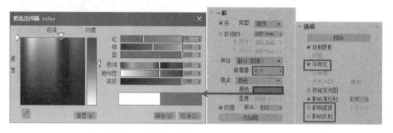

图 11-48 设置穹顶光参数

STEP 03 在场景中的窗口处创建"VRay 平面光",用来模拟天光效果,如图 11-49 所示。

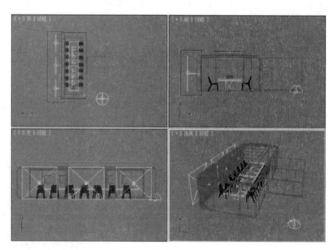

图 11-49 创建 VRay 平面光

STEP 04 调整平面光的参数，如图 11-50 所示。

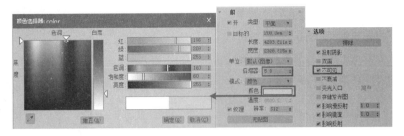

图 11-50 设置平面光参数

STEP 05 切换回摄影机视图，自然光照效果如图 11-51 所示。

图 11-51 自然光照效果

11.4.3 布置室内光源

1. 创建平面光

STEP 01 在顶视图中创建"VRay 灯光"，选择灯光类型为"平面"，位置如图 11-52 所示。

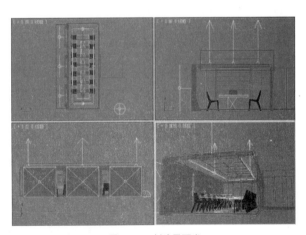

图 11-52 创建平面光

STEP 02 在"修改"命令面板中，对 VRay 平面光的参数进行调整，如图 11-53 所示。

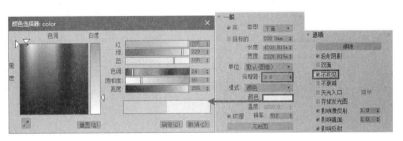

图 11-53 设置平面光参数

STEP 03 按快捷键 C 切换至摄影机视图，单击"渲染产品"按钮 🫖 ，观察添加了灯带后的效果，如图 11-54 所示。

图 11-54　添加灯带灯光后的效果

2.　布置室内点光源

STEP 01 在如图 11-55 所示的位置处创建目标灯光。

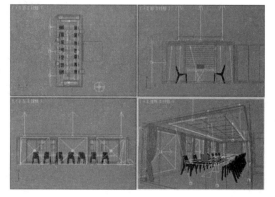

图 11-55　创建目标灯光

STEP 02 选择其中一个"目标灯光"，对它的参数进行调整，如图 11-56 所示。

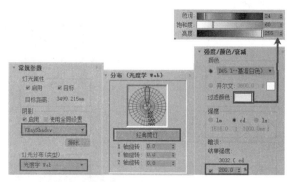

图 11-56　调整目标灯光参数

STEP 03 依照同样的方法，在如图 11-57 所示的位置处创建目标灯光。

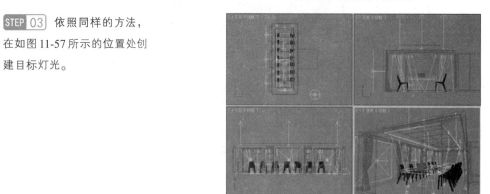

图 11-57　创建目标灯光

STEP 04 选择其中一个"目标灯光",对它的参数进行调整,如图 11-58 所示。

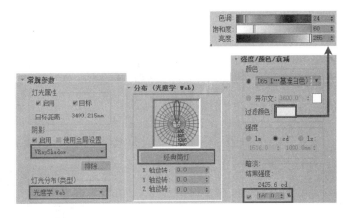

图 11-58　调整目标灯光参数

STEP 05 添加了室内目标灯光后的效果,如图 11-59 所示。

图 11-59　目标灯光效果

由上图可以观察到,会议桌面的亮度还不够,走道部分也不亮,下面来添加些辅助灯光来补助照明。

11.4.4　创建补光

STEP 01 在顶棚中心位置处,创建"VRay 平面光",其位置如图 11-60 所示。

图 11-60　布置灯带平面光

STEP 02 在"修改"命令面板中调整 VRay 平面灯光的参数，如图 11-61 所示。

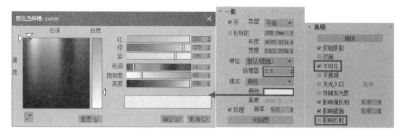

图 11-61　设置 VRay 平面灯光参数

STEP 03 在添加完平面光后，再次单击"渲染产品"按钮，观察场景整体的灯光效果，如图 11-62 所示。

图 11-62　平面补光效果

STEP 04 在如图 11-63 所示的位置处创建目标灯光。

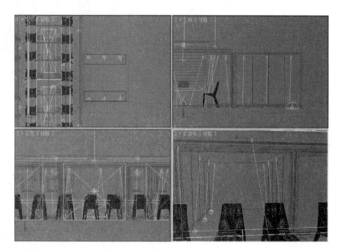

图 11-63　创建目标灯光

STEP 05 选择其中一个目标灯光，对它的参数进行调整，如图 11-64 所示。

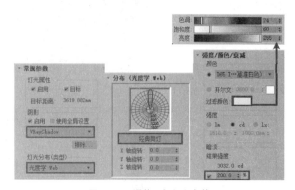

图 11-64　调整目标灯光参数

STEP 06 单击 "VRayLight"
按钮，将灯光类型设置为 "平
面" 类型，然后在走道位置处
创建平面光源，如图 11-65 所
示。

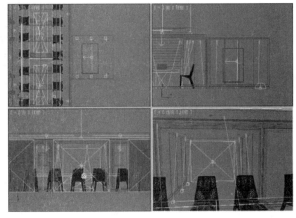

图 11-65　布置平面补光

STEP 07 保持平面光源的选
择状态，调整它的参数，如图
11-66 所示。

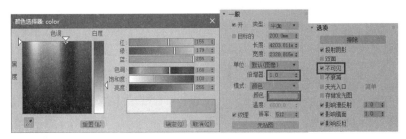

图 11-66　调整灯光参数

STEP 08 在添加完补光后，
再次单击 "渲染产品" 按钮，
观察场景整体的灯光效果，如
图 11-67 所示。

图 11-67　整体灯光效果

11.5　创建光子图

在材质和灯光效果得到确认后，下面将为场景的最终渲染做准备。

11.5.1　提高细分值

STEP 01 首先进行材质细分的调整。将材质细分设置相对高一些可以避免光斑、噪波等现象的产生，因此
对讲解到的主要材质 "反射" 选项组中的 "细分" 值进行增大，一般设置为 20~24 即可，如图 11-68 所示。
STEP 02 同样将场景内所有 VRay 灯光类型的 "细分值" 设置为 24，然后在 "VRayShadows params" 卷展
栏中将其他灯光类型的 "细分" 值也设置为 24，如图 11-69 所示。

图 11-68　提高材质细分

图 11-69　提高灯光细分

11.5.2　调整渲染参数

下面来调节光子图的渲染参数。

STEP 01 按快捷键 F10 打开"渲染面板"，在"公用"选项卡中设置"输出大小"，如图 11-70 所示。

STEP 02 在"V-Ray"选项卡中展开"全局控制"卷展栏，勾选"不渲染最终图像"，如图 11-71 所示。

图 11-70　设置输出大小

图 11-71　设置"全局控制"卷展栏参数

STEP 03 切换至"图像采样器（抗锯齿）"卷展栏，选择"渐进"类型，勾选"图像过滤器"复选框，并选择"Mitchell-Netravali"过滤器，如图 11-72 所示。

STEP 04 展开"发光贴图"卷展栏，设置"当前预设"为"中等"，调节"细分值"为 60，勾选"显示计算阶段"和"显示直接光"两个复选框，如图 11-73 所示。

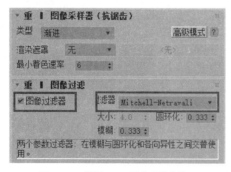

图 11-72　设置 VRay 图像采样参数

图 11-73　设置发光贴图参数

STEP 05 展开"灯光缓存"卷展栏，设置"细分值"为 1200，勾选"显示计算阶段"复选框，如图 11-74 所示。

STEP 06 展开"系统"卷展栏，设置参数如图 11-75 所示。

图 11-74　设置灯光缓存参数

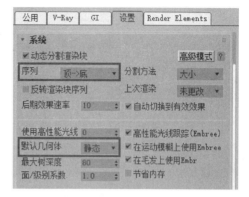

图 11-75　设置"系统"卷展栏参数

11.6　最终输出渲染

光子图渲染完成后，下面将对整个场景做最终输出渲染。

STEP 01 按快捷键 F10 打开"渲染设置"对话框，在"公用"选项卡中设置"输出大小"为 1600×1412，如图 11-76 所示。

图 11-76　设置输出尺寸

STEP 02 展开"全局控制"卷展栏，取消勾选"不渲染最终图像"，如图 11-77 所示。

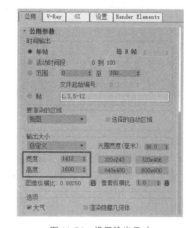

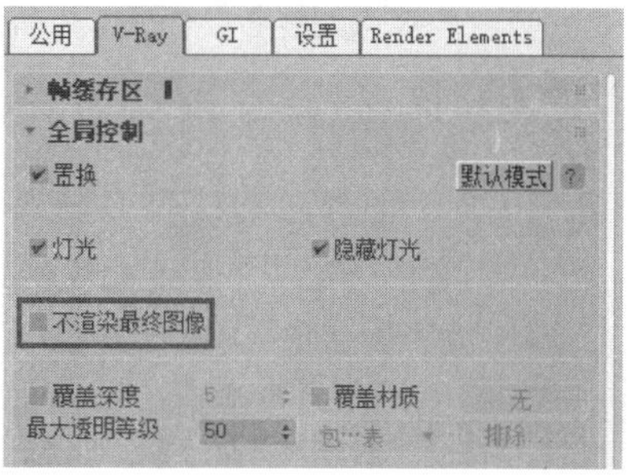

图 11-77　取消勾选"不渲染最终图像"复选框

STEP 03　其他的参数保持渲染光子图阶段的设置即可，接下来就可以直接渲染成图了，经过几个小时的渲染最终效果如图 11-78 所示。

图 11-78　最终渲染效果

11.7　色彩通道图

依照前面章节介绍的方法，使用配套资源中提供的插件来制作色彩通道。

STEP 01　选择场景中所有的灯光并删除。在"选择渲染器"对话框中设置渲染器为"扫描线渲染器"，如图 11-79 所示。

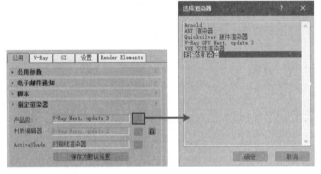

图 11-79　设置输出渲染器

STEP 02　在菜单栏的"脚本"中选择"运行脚本"命令，弹出"选择编辑文件"对话框，这时运行配套资源提供的"材质通道主程序.mse"文件，就可以将场景的对象转化为纯色材质对象，如图 11-80 所示。

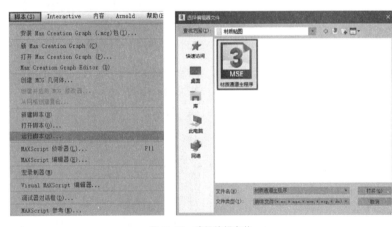

图 11-80　选择编辑文件

STEP 03 在弹出的对话框中单击"是"按钮，完成材质的转换，再单击"渲染产品"按钮，将色彩通道渲染出来，如图 11-81 所示。

图 11-81　色彩通道图

11.8　Photoshop 后期处理

渲染完毕后就需要对图像进行后期的处理，对效果图做最后的调整。

STEP 01 使用 Photoshop 打开渲染后的色彩通道和最终渲染图，如图 11-82 所示。将两张图像合并在一个窗口中，如图 11-83 所示。

图 11-82　打开图像文件

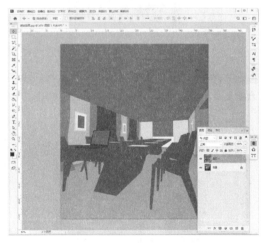

图 11-83　合并图像窗口

STEP 02 仔细观察渲染的图，可以看到图片亮度不够有些暗，还有饱和度过度等问题，下面根据这些情况来进行修改。

STEP 03 选择"背景"图层，按 Ctrl+J 组合键将其复制一份，关闭"色彩通道"所在的图层 1，选择"背景副本"图层，再按 Ctrl+M 组合键打开"曲线"对话框，调整它的亮度，如图 11-84 所示。

STEP 04 接下来对局部进行调整。在"图层 1"中用"魔棒"工具选择顶棚部分，然后返回"背景副本"图层，按 Ctrl+J 组合键复制出新的图层，再按 Ctrl+U 组合键打开"色相/饱和度"对话框，调整它的饱和度，如图 11-85 所示。

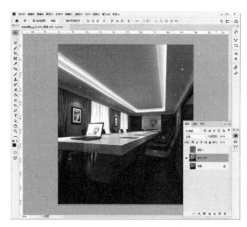
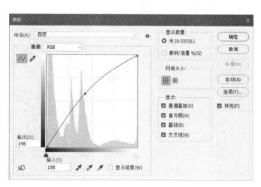

图 11-84　调整图亮度

图 11-85　调整顶棚饱和度

STEP 05 返回"图层 1"中用"魔棒"工具选择会议桌和椅子部分，再返回"背景副本"图层，按 Ctrl+J 组合键复制出新的图层，按 Ctrl+U 组合键打开"色相/饱和度"对话框，调整它的饱和度，如图 11-86 所示。

图 11-86　调整会议桌和椅子饱和度

STEP 06 同样选择墙面壁纸部分，返回"背景副本"图层，按 Ctrl+J 组合键复制出新的图层，在"色相/饱和度"对话框中调整它的饱和度，如图 11-87 所示。

图 11-87　调整墙纸部分饱和度

STEP 07　返回"图层 1"中用"魔棒"工具选择木纹部分，再返回"背景副本"图层，按 Ctrl+J 组合键复制出新的图层，按 Ctrl+M 组合键打开"曲线"对话框，调整它的亮度，如图 11-88 所示。

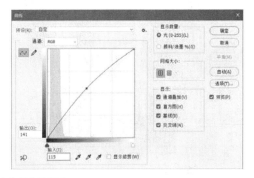

图 11-88　调整木纹部分的亮度

STEP 08　在"图层 1"中选择木地板部分，再返回"背景副本"图层，按 Ctrl+J 组合键复制出新的图层，按 Ctrl+M 组合键打开"曲线"对话框，调整它的亮度，如图 11-89 所示。

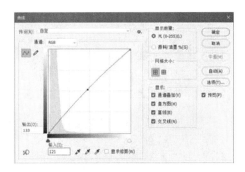

图 11-89　调整木地板亮度

STEP 09　在"图层 1"中选择投影幕布部分，再返回"背景副本"图层，按 Ctrl+J 组合键复制出新的图层，按 Ctrl+M 组合键打开"曲线"对话框，调整它的亮度，如图 11-90 所示。

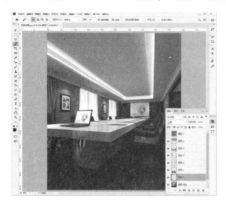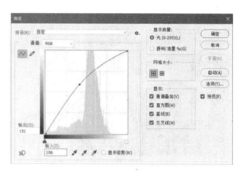

图 11-90　调整投影幕布亮度

STEP 10　选择"图层 3"，按 Ctrl+M 组合键打开"曲线"对话框，调整它的亮度，如图 11-91 所示。

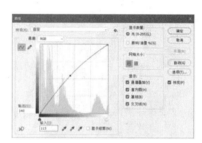

图 11-91　调整会议桌椅亮度

STEP 11　下面来处理窗户处的泛光。在色彩通道所在的图层中选择窗户区域，按 Ctrl+Shift+N 组合键复制一个新的图层，使用"油漆桶"工具将它填充为白色调，如图 11-92 所示。

STEP 12　执行"滤镜"→"模糊"→"高斯模糊"命令，在弹出的"高斯模糊"对话框中设置"半径"值为 100，如图 11-93 所示。

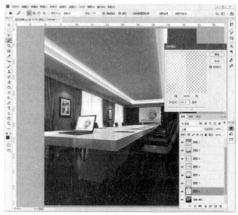

图 11-92　创建新的图层　　　　　　　　　图 11-93　添加高斯模糊

STEP 13 设置"图层 8"的"不透明度"为 60，这样泛光就完成了，如图 11-94 所示。

STEP 14 最后选择最上图层，按 Ctrl+Alt+Shift+E 组合键合并所有图层到最上方，执行"图像"→"模式"→"Lab 颜色"命令，在弹出来的对话框中单击"不合并"按钮，完成模式的转换，如图 11-95 所示。

图 11-94 设置不透明度

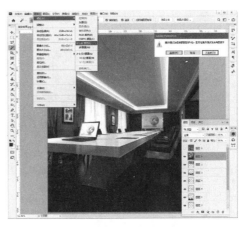

图 11-95 切换图像模式

STEP 15 切换到通道栏中，选择"明度"图层，执行"滤镜"→"锐化"→"USM 锐化"命令，调节图像的精锐度，如图 11-96 所示。

图 11-96 锐化处理图像

STEP 16 分别在"a"和"b"图层中执行"滤镜"→"模糊"→"高斯模糊"命令，为它们设置一定的模糊度，如图 11-97 所示。

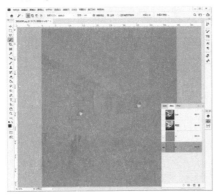
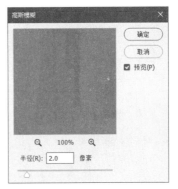

图 11-97 执行高斯模糊

STEP 17 完成这些操作，执行"图像"→"模式"→"RGB 颜色"命令，在弹出来的对话框中单击"不合并"按钮，完成模式的转换，最后按 Ctrl+S 组合键保存 PSD 文件，并导出一张 JPEG 格式图像完成 Photoshop 的后期处理，如图 11-98 所示。

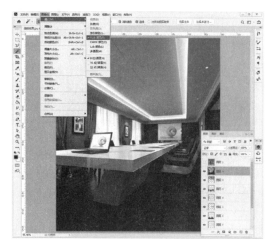 

图 11-98　保存文件

至此本场景的制作就全部结束了，最终效果如图 11-99 所示。

图 11-99　最终效果